Afterglow of Creation

创世余辉

破译来自时间起点的信息

〔美〕马库斯·尚恩 /著

孙正凡 /译

科学出版社

北 京

图字：01-2011-3998 号

This is a translation of
Afterglow of Creation：Decoding the Message from the Beginning of Time
By Marcus Chown

图书在版编目(CIP)数据

创世余辉：破译来自时间起点的信息 /（美）尚恩（Chown，M.）著；孙正凡译．—北京：科学出版社，2015

书写原文：Afterglow of Creation：Decoding the Message from the Beginning of Time By Marcus Chown

ISBN 978-7-03-046176-6

Ⅰ.①创…　Ⅱ.①尚…②孙…　Ⅲ.①物理学-普及读物　Ⅳ.①04-49

中国版本图书馆 CIP 数据核字（2015）第 259337 号

责任编辑：侯俊琳　樊　飞/ 责任校对：胡小洁
责任印制：张　倩/ 封面设计：可圈可点
编辑部电话：010-64035853
E-mail：houjunlin@mail. sciencep. com

科学出版社出版
北京东黄城根北街 16 号
邮政编码：100717
http://www.sciencep.com
北京凌奇印刷有限责任公司印刷
科学出版社发行　各地新华书店经销
*
2016 年 1 月第　一　版　开本：720×1000　1/16
2016 年 4 月第二次印刷　印张：15 1/4
字数：300 000

POD定价：　98.00元
（如有印装质量问题，我社负责调换）

前　言

它是创世最古老的化石

它是宇宙婴儿期的照片

它含有宇宙99.9%的光

即使你处于室内，它也在你身边

发现者曾误以为它是鸽子粪便发出的“光”

（即便如此，发现者仍夺得了诺贝尔奖）

《创世余辉》首次印刷于1993年，它讲述宇宙大爆炸余热的故事。不同寻常的是，这种余热至今仍在我们周围。打开你家里的电视，在你换台的时候，屏幕上的花点的1%就来自大爆炸的余辉。在被你的电视天线接收到之前，它已经在宇宙中穿梭了137亿年，上一次它们接触到的，就是“宇宙大爆炸”的火球。

《创世余辉》讲述的20世纪最重大的宇宙学发现——宇宙大爆炸余辉的发现中所涉及的科学家们的故事，以及1992年美国航空航天局的“宇宙背景探测者”（COBE）卫星对余辉的观测。本书实际上即源于COBE卫星那张出色的宇宙“婴儿照”，斯蒂芬·霍金称之为“20世纪的最伟大发现，如果不是所有世纪的话”。但是，当COBE科学家乔治·斯穆特评价它说“好像看到了上帝的脸”之后，这个说法就不胫而走，这张图迅速出现在全世界所有报纸和电视上，据报道斯穆特收到了一本书的预付款200万美元，这本书就是《时间涟漪》(*Wrinkles in Time*)。

此时我就开始跟进了。当时我正在伦敦的《新科学家》(*New Scientist*) 杂志社做科学新闻编辑，跟踪了整个故事。在大学里我也了解一些关于大爆炸辐射的知识。杂志社的一个同事对我说："你为什么不写一本关于这事的书呢?"我想："是啊，我可以尝试一下。"所以我拟了一个两页的提纲，发给多家出版社。许多出版社都拒绝出版，直到最后这个提纲放在了乔纳森·凯普出版社的尼尔·贝尔顿的书桌上，他说："挺好的，你为什么不写呢?"(当然我得说一句，预付版税远没有200万美元。)

从这一刻起，这成了我一个无法释怀的心结。我此前从未写过科普图书。我在不知道自己行不行之前就说"我可以"，当时甚至连八字都还没一撇呢。我只能去找美国航空航天局在COBE项目工作的人交谈，希望能够获得我需要的所有资料。然后我要做的就是坐下来，组织相关材料，写成前后连续一致、容易理解、琅琅上口、引人入胜的文字。这比我以往写的任何东西都要长。我能胜任吗?

我在截稿日期之前完成了，是刚好完成。而且，本书出版后反响非常好。比如，《焦点》(*Focus*) 杂志买了20万本，随刊赠送给读者。所以可能这使得《创世余辉》成为继霍金的《时间简史》(*A Brief History of Time*) 之后被阅读量（不过不是销量）最大的科普图书。本书还获得了罗纳普朗克科学图书奖第二名。

如今，1992年的事件已经过去很久了。不过，《创世余辉》仍然是唯一一本用发现者们的话来讲述发现大爆炸余辉故事的书。我与所有出现的科学家都交谈过，其中一些现在已经去世了，所以本书在科学史上这一重要章节也是唯一的文本了。

不过还不止如此，这个话题仍然是热门话题。这不仅仅因为创世余辉仍在吐露关于它的秘密，而且 COBE 项目的两位科学家约翰·马瑟和乔治·斯穆特获得了 2006 年的诺贝尔奖。我想现在该推出一本更新版了，本书现在的出版社费伯-费伯（Faber & Faber）也同意了。

巧合的是，本书在乔纳森·凯普（Jonathan Cape）出版社时的编辑尼尔·贝尔顿（Neil Belton）正在费伯-费伯担任非虚构图书的主管，他是一位优秀的编辑，我都成了他的粉丝了。

本书出版以来，情况又发生了极大的变化，所以我增加了两项重要的进展：COBE 卫星的继任者，即在 2001 年发射的"威尔金森微波各项异性探测器"（WMAP）；1998 年关于宇宙最大的物质-能量成分的发现。暗能量是不可见的，它充满所有的空间，是一种排斥力，使宇宙加速膨胀，但没有人知道它究竟是什么。

WMAP 在精密宇宙学时代独领风骚，做出了许多发现，包括宇宙准确的年龄为 137 亿年，宇宙仅有 2%的内容是可见的（23%是不可见的"暗物质"、73%是不可见的"暗能量"，而且天文学家只能看到剩余的一半）。而且，最奇妙的是，在大爆炸余晖中存在奇特的异常现象，有可能是我们的宇宙与另一个宇宙曾经碰撞的证据。

《创世余辉》是献给我的父亲的，也是巧合，我发现这本新版的前言正好是在他去世 10 周年那天写的。我一直在琢磨今天要做什么来纪念这个日子，我想有什么比写写我的父亲更好呢。

正是父亲在我 8 岁那年给我买了 H. C. 金博士的《天文学》（*Book of Astronomy*）作为圣诞礼物。正是父亲把我叫醒观看人类登月的电视直播。正是父亲给我买了一架小望远镜，在我们伦敦北部家里，我把它从公寓楼上的窗户了伸出去，紧张地眯着眼睛观看北环路上闪烁的橙色薄雾之上的金星位相和土星光环。

父亲给我买的书点燃了我此生追星的热情。可父亲当时为什么会给我买一本天文学的书呢？这是我没来得及问他并为此追悔不已的许多问题之一。

另一个谜是父亲对我的巨大（有时几乎是荒谬）的信心。有一次，我告诉他有个朋友赢得了科学图书奖，他立即对我说：“你也会获得那个奖的，马克。”

“但我没参选啊，爸。”

“你比他好太多，马克。”

“但我今年甚至都没写出来一本合格的书啊。”

“我跟你说，马克，他们应该把那个奖给你。”

“可是，老爸……”

最后我放弃了争论。没有必要再劝他改变我被无理忽视的想法了。看来不管我做什么，父亲总是认为我很出色。当我前往帕萨迪纳的加州理工求学时，父亲“知道”我会获得诺贝尔物理学奖，并掌管美国宇航局的太空计划。当我放弃研究，回到英国试着当记者的时候，他“确信”我会获得普利策奖。让我惊奇的是，处于某种原因，父亲总是相信我能做成任何事情，直到今天，这仍然让我觉得不可思议。

在我人生的大部分时间里，父亲的信任总是相伴我左右，就像空气一样让我几乎不注意。我没有把它太当回事儿。现在他走了我才注意到这一点（是不是总是总是这样？）并开始好奇，“究竟他那不可动摇的信心到底是从何而来呢？”

这种信任从我出生就有了，那是我还是一片空白，一个粉红色的小肉球而已。我所能想到的就是，他一定是在我身上看到一些属于他的品质。

父亲出生于伦敦北部郊区的冷泉小区（Coldfall Estate），这里属于慕斯维尔山（Muswell Hill）的一片杂乱无章的政府地产（即政府为贫民提供的廉租房——译者注）。这本身就限制了他的发展前途。当然他出生的年份对他的限制更大，那是 1934 年。尽管比起在柏林和斯大林格勒出生的同龄人，他还算幸运的，但他仍是第二次世界大战的受害者，战争就在他第一次走进冷泉学校之际爆发了。

战争对教育最明显的影响是德国的空袭中断了学校教育。但还有一个更微妙的影响是，战争带走了所有年轻有活力的教师，如果是男的，他们就被征召入伍，如果是女的，就被送去工厂或田里做工。空出来的职位被仿佛来自古代的老态龙钟的老师们填充，这些人是应国家之急需从退休生活中走来的，他们教给孩子的也都是陈腐的东西。

随着战争结束，年轻教师的回归，情况变好一些了。但冷泉学校的根本局限还是无从摆脱，它提供的是一成不变的教育体制，孩子们从 5 岁到 15 岁都在这里度过。它不是个坏学校，但也不是催人上进的学校。对于女孩来说，最高的期待就是进入秘书学院；对于男孩，就是成为电灯技术的学徒工，可以脱产进入技工学院拿到职业资格证书。在他 15 岁生日时，父亲离开学校，到邮局做了学徒工。

我应该是了解他在那里做了什么的。但当他提到这些事儿的时候，我总是左耳听右耳出，完全没想到有一天我会渴望了解关于他这一生的信息。我有一个模糊的记忆，他会使用电报打字机。当然，这也能解释为什么在他 18 生日时，他被征召为入伍，分派到皇家通讯兵团。我认为，应征入伍的这段经历是理解父亲队伍对我不平凡的信心的关键所在。这是一种深刻的、拓展视野的经历，从各方面都足以与我上大学的经历相比——当然我不必像父亲那样"蹚过粪便和子弹"（这是父亲的口头禅，不是我的）。在战争期间，是不可能去英国的海滨的。而父亲当时在一架飞机上工作，这在 1952 年是一种新奇的经历，他们的飞行区域是从蓝色地中海直到塞浦路斯。但对他影响最深的并不是他到过的那些国外地方，而是他与之交往的人。

当然，这是老生常谈了，应征入伍使人更加平等，因为它把来自各种背景、各种阶层的人们放在了一起。但不可否认它确实产生了这样的作用。这是父亲第一次遇到曾经上过大学的人——对于他这样阶层和背景的孩子来说，对大学一无所知。他们在约克郡卡特里克、然后在斯科皮的一个无线电收听站，进行了 6 周令人疲惫的基础训练课程，他在那里学到的是，他并不笨。不仅如此，当开始学莫尔斯代码时，他是能够以非常快的速度记录下来的少数几个操作员之一。

几乎可以肯定，这让他变得更有信心了。作为一个男孩，他如饥似渴的读书，比如，《金银岛》《三十九级台阶》《所罗门王的宝藏》这样的经典作品。此外，他了解到，他自己的父亲虽然只是霍恩西地方委员会的一个画家和装饰员，但也才思敏捷。根据家族说法，他实际上已经通过"少数人才能上的公立学校"的入学考试，但由于某些不明原因，可能是付不起学费，他实际上从未入学。但作为这样出身的人——更不用说他曾经在西线战壕度过了好几年——他的父亲已经做到的比生活给予的更多了。

对父亲来说，我相信在军队服役的经历是一个信心助推器。他发现，或者他确认，自己还是很聪明的。作为在工人阶级家庭的孩子，在20世纪50年代战后的简朴环境中长大，他只是没有机会去改变命运。

但他的子女会有的。

我在1959年6月的一次热浪期间来到这个世上。在我人生最初的6个月里，我的父母居住在东芬治利的一栋联排住宅的一个房间里，环境肮脏不堪。当芬治利的新国会议员开始定期治理时，我的父母期望她能够帮助他们找一个更好的住处。她做到了。三周后，他们收到一封信，给他们在一个相对现代的小区提供了一座两居室平房。“这是我作为国会议员的第一次成功，”这封信如是说，它的署名是：“玛格丽特·撒切尔”。

幸运的是，这次不是站在我父亲这边，而是站在我这边。在富裕的伦敦北郊巴尼特区有一些好学校，我的父母非常明白当年他们为了养家而在15岁离开学校错过了什么，他们尽一切可能鼓励我和我的妹妹，带我们去图书馆，给我们买书。

当我在20世纪60年代开始上学时，我不知道的是，英国的大学正在进行前所未有的扩张。以前来自普通背景的只有少数幸运儿能够获得进入大学的奖学金，现在有许多人可以进大学了。在我求学受教育的过程中，大门不断地在我面前打开，我通过这些大门时甚至都没有注意到它们在那里。

我进入了大学，也是我家族中第一个人，然后是我的妹妹。我学得很好，大学毕业后去了加州理工学院读博士，在那里受教于像理查德·费曼这样的诺贝尔奖获得者。当我的父亲在遭受雨点一样的炸弹轰炸的伦敦收集弹片时，费曼教授正在新墨西哥州的沙漠里参与制造第一颗原子弹。

我想，现在我明白了，为什么父亲对我有那么大的信心。他了解自己，了解他如果出生在一个不同的地方，不同的时间，他能够做什么。这不仅仅是了解他自己，这也是对在索姆河和俄罗斯生存下来的他的父亲、我的祖父的了解。由于出生地域和时间的原因，我父亲的潜力没有得到释放。出于同样的理由，我能够释放出自己的能力。

《创世余辉》是我的第一部科普书，从那之后我已经又写了 5 部，另外还有包括儿童小说在内的其他图书。我已经做了在我之前家族里几代没法做到的事情。我拥有的机会是我的父母和祖父母没有过的，为此，我非常感激。

我的父亲没有看到我取得的很多成功，但实际上这不重要。他不需要亲眼看到。他总是知道。他总是有信心。“你得当个畅销书作家，马克。”我记得我父亲在我们家餐桌上端着一杯咖啡对我说的话。

“可是，爸爸……”我抗议。当时，我正在努力完成一本书，它已经从应交稿日期拖了好几年了，所以我有点抓狂。

“没有可是，我告诉你，马克，”我父亲重复说，就像他正在传授一个宝贵的建议，好像写一本能大卖百万册的书所需要的不过是埋头一下午写一份过硬的申请书，“你会成为一个畅销书作家。”

我的父亲 10 年前去世了，但我仍带着他的信心生活。而且我经常感觉到他仍在看着我。有一本书在伦敦的科学博物馆签售之前几天，我的电话响了，是我当时的编辑打来的。在此前一周，我知道那本书卖得很好，我当时对编辑说：“你有足够的书用来签售，有没有？”

“当然，别担心，我们在仓库里有很多。”

我拿起电话。“我真的很抱歉，”我的编辑说，“我刚才确认过，在仓库里没有书了。我们会搜刮一下办公室里，看看能找到多少。”

“什么！可是你不能多印一些吗？”

“对不起，在拿到大订单之前我们不能。”

“噢，那什么时候会有呢？”我问道，但我随即放下了电话，因为我知道在签售之前根本不会有。

“真是见鬼了！”我心里说，“真见鬼！真见鬼！真见鬼！”

当天下午晚些时候，我的编辑又来电话了。“什么事儿？”我说，我还在烦恼中。

“你不会相信的！我们几个月没有拿到一个大订单了，但是，突然之间，我们刚刚拿到了两个！”

我抬头看看钟。那个钟点正是父亲去世两年的时刻。

那本书签售很成功。后来，我和妻子凯伦一起开车回我们当时居住的伍斯特郡。那是在凌晨时分，我们沿着莫尔顿沼泽和大道之间的一条废弃公路开车。突然之间，一个火球划过我们前面的天空，分裂成两个。我们互相看了看。“这是你爸爸，”凯伦说，“就像超人一样，他在跟你说：‘再见了。直到你再次需要我的时候’”

马库斯·尚恩

于伦敦海德公园的蛇形湖旁一棵树下

2009年5月2日

楔子：微波眼看世界

远离大城市明亮灯光的旷野，夜晚如水晶般纯净。一轮明亮的满月从树梢飞往高空。在天鹅绒一般黑色的夜空里，星星就像宝石一样闪烁。但夜空里不止有所看到的这些……

我们眼睛所见到的可见光仅仅是在宇宙中流布的所有光线中极其微小的一部分。从太空之中向着地球倾泻而下的，还有不见的光流。

在人类历史的绝大部分时期，我们对这种光都一无所知。但近年来，天文学家拓展了我们的双眼。新建成的望远镜可以看到X射线、红外光、射电波，以及其他各种看不见的光。如今，有史以来第一次，我们能够看到更辉煌的宇宙。

想象一下，你可以看到天文学家们只是戴上一副“魔法”眼镜就能看到的一切，只要转动一下镜框上的按钮，就能“调节”到不同的光线上。你再也不会“失明”了，现在你有了红外眼睛、射电眼睛，以及能够看见紫外线、伽玛射线和X射线的眼睛。①

---

① 严格来说，你得到太空里使用你的魔法眼镜，因为大多数不可见光线都被大气层吸收了。不过别为此烦恼，这只是一个故事。

用这些令人惊异的增强镜头，你能看到什么?

刚开始，似乎没有什么变化。然后你会意识到，月亮正在变暗，大多数恒星也是如此。很快，月亮就看不见了，群星也开始一个接一个消失了。但随着群星消失，从原本没有星星的地方又跳出来了新的星星，其中一些新的行星被朦胧的白云笼罩着。

这就是紫外天空。你的眼镜记录下的是当你在沙滩上躺太久导致晒伤的那种不可见的光线。只有那些最炽热的恒星才会闪耀着明亮的紫外线。

旋转一下。

群星又变了。现在天空中没有了熟悉的路标。天空中强烈光芒所标示的，是恒星相互吞噬之处，以及极其炽热的气体冲进黑洞之处。凡是物质被加热至几十上百万开尔文（开）的地方，都闪耀着 X 射线。

继续旋转。

现在一切又变暗了。我们现在看到的是伽玛射线，宇宙中能量最高的光线，由科学家所能想到最暴烈的事件所发出。现在天空看起来完全是黑的。

但还有一些微小却猛烈的闪光。你转过头来凝视，却什么都看不到，黑暗天空里一无所有。但如果你确实非常有耐心，盯着伽马天空连续看上几天，你会看到在另一片完全不同的天空又发生一道明亮的闪光。再过几天又会看到一次。天文学家们称之为“伽马暴”。它们是宇宙之中最猛烈的爆炸，我们所见到的它们来自宇宙边缘。还没有人能完全确定它们是什么，但它们可能是黑洞诞生时发出的啼哭。

继续调节按钮，除了黑暗，还有更多的黑暗，再没有什么可看之处了。把按钮向另一个方向旋转回来，经过X射线和紫外天空，回到我们熟悉的可见光天空，可以看到满月和我们熟悉的群星。但别停，继续，继续旋转。

你现在看到的是红外线。你看到的不是宇宙中的炽热天体，而是相对冷的天体。就连我们人类也会发出红外线。地震救援队用来探测被困在瓦砾之下的人们时用的是同一种光。

月亮也再次出现在天空中。但它不是反射的明亮的太阳光，而是由它贫乏的内热发出的暗光。现在天空中布满了陌生的星星，是恒星冷却的灰烬。它们是垂死挣扎的膨胀的红巨星，以及新诞生不久的恒星，还被包裹在它们从中形成的闪闪发光的气体之中。

但现在你又把红外天空甩在了后面，正在看到的是微波，也就是雷达和家家用来加热食物的微波炉所用到那一类光。如果现在我们的眼镜工作还正常的话，有些奇怪的事情正在发生：天空亮起来了，不是一部分天空，而是全部天空。

整个天空，从一侧地平线到另一侧地平线，全都发出均匀的珍珠般的白光。你继续向微波区域旋进按钮，可天空变得更亮了。整个太空看起来都在发光。你看起来就像身处一个巨大的灯泡之中。而且你所见到的都是非常真实的。它就是宇宙大爆炸的遗迹，是宇宙诞生其中的巨大火球。不可思议的是，那次事件发生之后137亿年，它仍然充满了太空每一个角落。

在这充满全宇宙的“宇宙微波背景”中，包含了比所有恒星发出的可见光更多的能量。实际上，在此时此刻，大爆炸辐射占据了在宇宙中穿行的光粒子数的99.9%。

然而，尽管在第二次世界大战期间，探测微波的技术已经发展出来了，但令人惊奇的是，直到 1965 年都没有人注意到这种“创世余辉”。甚至它在此时被发现也是出于偶然。意外发现它的两个天文学家拿到了诺贝尔物理学奖，但他们最初误以为它是鸽子粪便的微波闪光，而且在发现它之后至少一年里都不认为他们发现的是宇宙的起源。

发现来自宇宙大爆炸的残余辐射的精彩故事构成了本书的骨干。它通过曲折迂回的经历、意外事件和错失的机会，为我们提供了科学进展是如何发生的一个绝妙的事例。

宇宙微波背景是最古老的创世“化石”。它直接来自宇宙大爆炸本身，已经在太空穿越了 137 亿年。宇宙微波背景是由在火球中正在冷却的物质发出的，所以它携带了大爆炸发生后不久宇宙的印记。当你观看微波天空时，你看到的是 137 亿年前的宇宙快照。

你会觉得早期宇宙肯定是一个超级无聊的地方。毕竟，在微波天空中没有任何一个特征可供识别。但是，这种无特征、均匀的宇宙之美，比起一个复杂对象来说，让科学家更容易理解，宇宙微波背景的平滑性告诉我们，早期宇宙的物质在整个空间里的分布必然也是极其平滑的。而这一点提出来一个极大的难题。今天的宇宙绝不平滑。事实上，宇宙中充满了恒星，恒星集合形成星系，星系又再度链接形成长链和集群，跨越广袤的空间。在这些星系集群之间存在完全虚空构成的巨大空洞。今天宇宙中的发光物质不但不是均匀的，而且呈现瑞士奶酪一样多泡的外观。

那么，这一个不均匀的复杂宇宙，是如何从如此平滑简单的开端产生出来的呢？

显然，在某个时间点上，宇宙中的物质一定开始像凝乳一样开始聚集在一起。因此，尽管宇宙微波背景看起来极其平滑，它也不可能绝对平滑。如果我们仔细地看，我们应该能够看到，在大爆炸之后不久，在引力作用下，宇宙中最初的结构开始聚集到一起的迹象。

在发现宇宙微波背景之后25年多的时间里，天文学家们一直在努力地盯着它看，但不管他们多么努力，他们就是发现不了微波背景亮度上的任何变化[①]，找不到任何后来形成像我们的银河系的那些物质团块的迹象。宇宙微波背景的证据似乎与我们最为珍视的一个理念——我们和我们时间是存在的——矛盾的。

1989年，美国航空航天局把一个叫做COBE（发音如“柯比”）的不起眼的卫星发射进入地球轨道，用来研究火球辐射。在此之前，这项研究非常困难是因为宇宙大气层也在发出明亮的微波[②]。COBE敏感的仪器仔细地聆听着宇宙膨胀137亿年之前的宇宙爆炸的微弱低语。两年多过去了，卫星还是一无所获，连科学家们也开始紧张地嘀咕起来。

但是，在1992年4月，COBE力夺头奖。它发现了“宇宙背景辐射的涟漪”。在天空的某些地方，宇宙微波背景比起其他地方来显得略微亮一些。这是一种极其微小的效应。这些天空“热点”仅仅比“冷点”要热十万分之几，但科学家前所未有地大大松了一口气。“这就像是看见了上帝的面容，”COBE项目组的一

---

① 这个说法也不很严格。在20世纪70年代后期，天文学家发现微波背景在地球前进方向温度略高，而在后方温度略低。但这是由于我们的地球在太空相对于微波背景的运动造成的效应，而不是微波背景本身的性质。

② 实际上，地面也会发射微波，建筑物、树木、人，甚至太空中的氢云也是如此。这些相互竞争的发射源使得大爆炸火球形成的均匀发光比我所描述的更难看到。这也解释了为什么探测火球辐射是一项挑战，为什么它在1965年之前都没有被发现。

位科学家如此宣称。“这是一个世纪大发现，如果不是史上最大发现的话。”这是物理学家斯蒂芬·霍金宣称的。

多数人觉得这些评论有些夸张过度，但事实上，COBE 卫星确实发现了早期宇宙中的星系“种子”。随着大爆炸之后宇宙逐渐膨胀，那些比其他地方密度稍大的区域会逐渐增长，随着它们的引力吸引了越来越多的物质，其密度变得越来越大。它们最终变成了今天我们在附近宇宙所见的星系团和超星系团。COBE 并没有见到上帝的脸，而是看到了宇宙中最大也最古老的结构。

当这个发现被宣布时，全世界的媒体都疯狂了。这个故事在我们这个星球上的电视屏幕和报纸头版上铺天盖地。可能确实还没有其他任何一个科学故事受到如此广泛的媒体关注。

为什么这么多人对一个如此晦涩难懂的故事沉迷其中，这本身就是一个奇怪的故事，这也是我稍后在本书中要讲述的。但在你知道所有这些大惊小怪是什么之前，你需要了解关于宇宙背景的一点儿背景，特别是，你需要了解宇宙大爆炸。

这个故事开始于 20 世纪第一个 10 年，当时新一代大型望远镜让天文学家得以深入太空，第一次发现我们所居住的宇宙大致是什么样……

目　录

第一部分

最艰难的科学测量

第一章　大爆炸

——我们怎么会相信这么荒唐的想法？

1924 年 12 月，世界各地的天文学家聚集到华盛顿参加美国天文学会的第 33 届年会。这是一次平淡无奇的例行会议，在最后一天下午，有些与会者就已经离开会场去赶回家的火车了，这时有一位学者在已经半空的观众席前清了清喉咙，开始宣读一份科学论文。这份论文由一位身在南加利福尼亚州的 35 岁的天文学家提交，他因为路途遥远而未能与会。

当这位学者宣读完毕离开讲台之后，观众席上一定有很多人倒吸了一口冷气。因为，经过漫长的寻觅之后，人类终于不再"身在此山中"却"不知庐山真面目"，发现了宇宙的真实大小，而且它比任何人曾经想象过的都大得不可思议！

这位缺席的加州天文学家叫埃德温·哈勃（Edwin Hubble），曾经是一位运动员，一名拳击手，他放弃了很有前途的律师职业来研究夜空。1923 年他将当时世界上最强大的望远镜，帕萨迪纳（Pasadena）附近威尔逊山（Mount Wilson）上新建成 100 英寸（2. 54 米）口径的反射望远镜，指向了夜空中被称为仙女座大星云的一块模糊的白色“补丁”。他在这块星云的边缘发现了一些微小斑点，这些斑点实在太暗淡了，刚刚能够被识别出来，它们是星云中的单个恒星。

为什么这件事会改变我们对宇宙的想象？你应该知道，在哈勃进行这项观测的时候，绝大多数天文学家还认为仙女座大星云仅仅是恒星之间漂浮的一团发光气体。哈勃证明了这种看法是错误的，它并不是传统观念中的“星云”，而是因为距离太遥远而显得模糊的庞大恒星集合。它就是人们曾设想过的太空深处庞大的“宇宙岛”。

谜一样的旋涡星云

发现了这些遥远的恒星，哈勃也就平息了 20 世纪前几十年里整个天文界都被卷入的一项激烈争论，这个争论是关于“旋涡星云”的本质，仙女座大星云是旋涡星云中最大的一个，因而也是最容易用望远镜进行研究的一个。

旋涡星云在 18 世纪就已经被发现，当时第一代使用望远镜进行观测的天文学家们正在逐渐认真提高这种新仪器的观测水平。当然他们的热情在于寻找彗星，所以他们很生气地发现夜空中到处分布着一些模糊不清的光斑，很容易和遥远的彗星相混淆。1784 年法国天文学家查尔斯·梅西耶（Charles Messier）为寻找彗星的同行们提供了一项宝贵的帮助，他出版了一份目录，列出了其中最亮的“夜空中的害虫”的位置。

梅西耶的原始目录包括 103 个云雾状天体，其中大部分是旋涡状的星云。目录中第 31 号就是仙女座大星云。在梅西耶的天体目录中它最不像彗星，你如果知道方位的话，用裸眼就很容易看到它：它是一块拉长的云团，在夜空中占据了相当于满月 6 倍的面积。今天的天文学家们称之为梅西耶 31，或简称为 M31。

关于旋涡星云本质的激烈争论不可避免地与宇宙尺度联系在一起，理由如下：如果正如大多数天文学家所坚持的那样，旋涡星云是发光的气体云的话，它们必定离地球很近。发光气体显然不可能在很远的距离上还显得很亮。

但其他人则认为，旋涡星云是在离地球极大距离之外的巨大“岛屿”。它们看上去像是发光气体云仅仅是由于在这么远的距离上看不清其中的恒星。

当时人们已经知道了我们的太阳属于被称为银河系的巨大恒星群。银河系的形状像是一个致密的盘子，是一个扁平呈圆形的恒星集合。夜空中它看上去像是跨越天宇的一条雾状带子，这仅仅是因为我们从位于银河系内的边缘位置来看它而已。

20 世纪初期，大多数天文学家相信银河系就是整个宇宙，在它的界限之外再也没有任何东西了。假如旋涡星云被证明位于银河系之外，那么这种观念将会烟消云散。

哈勃在仙女座大星云中发现恒星时，看起来它好像确实位于银河系之外。但除非哈勃能发现它的准确距离，否则他也无法完全确定。幸运的时候，在仙女座大星云中，哈勃能够证认出一类非常特殊的恒星，造父变星①，这类恒星让他一劳永逸地解决了这个问题。

对天文学家来说，发现造父变星的惊喜唯有像某人搜寻了一

---

① 造父变星是一类周期性增亮又变暗的恒星。1908 年，美国女天文学家亨利埃塔·勒维特（Henrietta Leavitt）发现这类变星的周期与其本征亮度有关。所以要知道造父变星的真实亮度，只要测量其光变周期就可以了。

片巨大的海滩之后被沙砾中一堆闪光的珍珠绊了一脚可以相比。因为有了造父变星你就可以计算出确切的距离，而利用普通恒星通常难以做到这一点。如果你发现两颗恒星，其中一颗比另一颗亮，但你不可能判断出来究竟是比较亮的那颗恒星是本来就更亮，还是仅仅因为它离得近所以才显得亮。但造父变星的真实亮度是有办法来判断的。所以如果一位天文学家看到两颗同类的造父变星，其中一颗比较亮，他就能确定亮的那颗实际是距离比较近。

宇宙的基本组成单元

哈勃比较了他在仙女座大星云中找到的造父变星和银河系中的造父变星，发现前者远得不可思议。仙女座大星云确实位于非常远的地方，它是一个星系，由数以亿计的恒星组成的庞大的“宇宙岛”，它漂浮在宇宙之中，远在银河系范围之外。

如果仙女座大星云是一个独立的星系，对哈勃来说这件事的意义就很明显了：银河系必然也是一个星系。虽然从我们所在的视角银河系看起来是一个扁平的盘，但它确实是一个旋涡星系，是太空中一个巨大而缓慢旋转的火焰风车。

并且，如果仙女座大星云是一个星系，那么天空中杂乱无章分布的那些旋涡星云一定也是星系，是在黑暗的太空深处燃烧的明亮灯塔。我们的银河系远离其他星系，只是太空中散布着的数以亿计的星系中的一个，只有像仙女座大星云这样夜空中看上去又大又亮的星系才是银河系的近邻，那些看上去又小又暗的星系的距离都非常遥远。

哈勃不只证明了宇宙的真实大小，他还证实了构成宇宙的基本组件是这些由恒星组成的大风车和椭球体，这些星系占据了人类发明的最大的望远镜所能观测到的所有的宇宙空间，直到宇宙边缘，在那里它们看上只不过是一些小光斑。

今天，我们的望远镜所能见到的宇宙尺度大约是一千亿亿亿米。如果这个数字让你感到头疼，那么你可以想象我们的宇宙半径只有一公里，在这个缩小的宇宙中，我们的本星系[1]，这个包含两千亿颗恒星的银河系，从形状和大小上说，也只是漂浮在中心的一片阿司匹林药片。

不过，银河系在太空中并不孤单。星系倾向于聚集成“团”，银河系也不例外，它属于被称为本星系群的一个“瘦小”的星系团。在这个星系团的数十个星系中，只有一个星系，也就是仙女座星系的大小跟它差不多。仙女座星系是在“缩微版宇宙”中距离它略超过 10 厘米的另一片阿司匹林。

离本星系群最近的大星系团是室女星系团，其中包括大约 200 个星系。在“缩微版宇宙”，室女星系团的众星系占据了一个足球的体积，距我们大约 3 米远。

一些更远的星系团中可能包含了数千个阿司匹林大小的星系，这些星系团的尺度可能达到好几米。星系团也能再次组团，天文学家们称之为“超星系团”。“阿司匹林星系”的分布一直延续到这个“一公里宇宙”的边缘，密密麻麻。

逃之夭夭的星云

哈勃已经成功地证认出了宇宙的主要组件是星系，并让人们

① 天文学家称银河系为本星系，在英文中以头字母大写“Galaxy”表示，以区别于一般的星系“galaxy”。

感觉到了我们所居住的宇宙的广袤，不过，他还没有做出他最伟大的发现。接下来，哈勃将证明宇宙并不像绝大多数天文学家所相信的那样是永久存在的，而是有过一个开端。

为哈勃这个最伟大的发现打下基础的人是维斯特·梅尔文·斯利弗（Vesto Melvin Sliper），他是亚利桑那州旗杆市（Flagstaff，Arizona）洛韦尔天文台（Lowell Observatory）的天文学家。早在1912年，还没有人知道星系的时候，斯利弗已经在艰苦地测量着来自旋涡星云的光线图谱。

就像太阳光一样，来自这些星云的光是多种颜色的混合体，每种颜色都对应于特定的波长：波长最长的是红色，而最短的是蓝色[①]。使用三棱镜（三角楔子形的玻璃）可以将这些颜色依次排开，形成被称为光谱的有序序列。

19世纪的时候，天文学家们已经发现了太阳和星云像彩虹一样的光谱，只是这些光谱总是被一些丑陋的暗线所打断，这些暗线位置的颜色已经丢失了。学者们很快认识到，这些“丢失的”颜色是被（比如太阳）大气所吸收了，从这些被吸收后的暗线特征上实际能辨认出吸收它们的气体，比如氦气、氮气或氧气等。

斯利弗的成功在于完善了拍摄极端暗淡的天体比如旋涡星云的照相技术。到1917年，他用旗杆镇的望远镜已经研究了15个旋涡星云的光谱，他发现的事情让他感到极度困惑。

在太阳和银河系其他恒星的光谱中，吸收气体的暗线与地球上在实验室里测量的同样气体的吸收线位置非常接近。但斯利弗

---

① 光也是一种波，就跟水中的波纹一样，也有波峰和波谷。无论是光波还是水波，任何波的波长均定义为相邻波峰之间的距离。

发现在星云中，这些暗线的位置移动了，通常向长波段移动，也就是光变红了。在他测到的 15 个星云的光谱中只有两个向光谱蓝端移动。

斯利弗把波长的改变解释为多普勒效应，任何注意到警车从街上疾驶而过时警笛声调如何变化的人对它都不陌生，警车接近时声调变高，远去时则变得低沉，实际上这就是多普勒效应。

声波经过时，空气被交替压缩和膨胀，声波实际上就是一长串的“压缩气体”和“稀薄气体”的交替排列，相邻的“压缩气体”（或“稀薄气体”）之间的距离就是波长。声波波长越长，声调越低。

疾驶而来的警笛发出来的声波被“挤压”，波长被缩短，从而产生了较高的声调，而远离的警笛声波被“拉长”，声调变得低沉。

同样的，当光的波长变化时，它的颜色也会发生变化（对应声波的声调）。所以，当物体（光源）接近我们时，多普勒效应缩短了光的波长，使它的颜色向着光谱蓝端移动。相反的情况下，这一效应拉长了离我们远去的物体发出的光的波长，导致它的光谱图样发生了“红移”。

我们真的很幸运，自然界创造了能够产生光谱暗线的原子。假如光谱中的颜色只是简单地移动，我们可能永远都不会觉察到，因为光谱看起来还是一样的。这就好比有一个数列，比如 1、2、3、4、5、6、7、8…向右移动了一个位置，1 取代了 2 的位置，2 取代了 3，依此类推，但这个数列看起来仍然是 1、2、3、4、5、6、7、8…

但由于光谱线的存在，任何光谱都有独特的图样。光谱就好像超市里的条形码，如果某个原子的条码被改动了，它很容易被看出来。

斯利弗测到的15个星云中13个具有红移，也就意味着这13个在远离我们而去，仅有2个在朝向我们的方向运动。

但这看起来不符合常识。星云散布在天空的各个角落，彼此之间应没有什么关联，因此它们的运动方向应该是随机。根据概率，大约有半数的星云接近、半数后退。为什么它们的速度会呈现某种模式?

关于这些后退的旋涡星云的红移，还有一个特别奇怪的地方。这些红移都很大，比银河系中的正常恒星的红移要大得多。根据其数值来看，红移表明这些星云正以每秒数千公里的巨大速度后退。

哈勃发现旋涡星云实际上是星系之后，有人在1923年对这些速度作出了部分解释。既然它们与银河系无关，那么它们的运动模式也没有理由要跟银河系中的恒星相似。但高红移之谜仍然没有揭开，对于为什么大多数星云会远离我们仍没有任何解释。

哈勃在威尔逊山上的助手名叫米尔顿·赫马森（Milton Humason），他曾是山上的一名赶驴运货的人，后来通过自学成为了天文学家。根据哈勃的建议，赫马森着手拓展了斯利弗的工作。他测量用这台100英寸望远镜所能看到的最暗也就是最远的星系的速度，很快确认了斯利弗的结果完全是正确的。他测到的每条光谱都显示星系正在退行，有些甚至不可思议地达到了每秒数万公里的速度!

当助手拍摄光谱时，哈勃并没有无所事事，他煞费苦心地测量了赫马森瞄准的这些星系的距离，确认了它们本质上都是同样亮度的星系，也就是说，那些比较暗的星系距离确实比那些比较亮的星系要远得多。

时间有了开端

1929 年哈勃在研究这些数据的时候，突然明白了这些星系的红移值并不是随机的，而是具有这样的模式：星系的距离越远，它看上就越快地逃往宇宙虚空。实际上，星系的速度与距离保持同步的增长，星系距离加倍，其后退的速度也加倍，星系距离增加两倍，后退速度也增加两倍。

这个模式后来被称为哈勃定律。

对哈勃这项发现的最简单，也最幼稚的解释是，在遥远的过去某个时间，宇宙中以地球为中心发生了一次猛烈的爆炸，星系被向外吹去，所以今天我们很自然地观测到它们从爆炸的源头向外逃窜。这次爆炸中移动速度最慢的星系走过的距离最短，而那些跑得最快的星系退行的距离最远。

哈勃做出了 20 世纪最杰出的天文学发现：整个宇宙正在膨胀，宇宙里的星系正在像霰弹的碎片一样飞散。但是如果宇宙在膨胀，那么有个不可避免的结论是，宇宙在过去必然很小，必然存在这场无法回头的大爆炸发生的时刻：宇宙诞生的时刻。

这是这个发现真正的重大意义。通过发现宇宙正在膨胀，哈勃发现时间存在一个开端。尽管宇宙很古老，但它并不是从来就存在的。就像倒放电影一样，天文学家们通过回溯膨胀，从而推断出宇宙是在大约 137 亿年前的大爆炸中才诞生的。这是科学家们第一次能够追问宇宙，包括其中的星系、恒星及生命，是从何处而来，又将向何处去。宇宙学这门最大胆的科学就此诞生。

第二章　宇宙不是静态的

——为什么爱因斯坦与发现宇宙膨胀失之交臂？

其实，人们本不应该对埃德温·哈勃关于我们的宇宙经历了一场大爆炸，并且正在膨胀的发现感到吃惊，因为不仅已经有好几个科学家在10年前已经预言过这一点，而且这些预言都已经发表在了科学期刊上，人人都可以看到。可惜没有人认真对待过这些观点，只有哈勃注意到了。

让人们能够严肃地思考我们居住的宇宙是什么样子的不是别人，正是阿尔伯特·爱因斯坦（Albert Einstein）。1915年，他发表了关于引力的理论[①]，也就是物质是如何彼此影响的。两年后，爱因斯坦把他的引力理论应用到了他所能想到的最大的物质集合上——整个宇宙，其实这也是科学界无法回避的最大的难题。爱因斯坦由此创立了宇宙学，也就是关于我们所居住的这个宇宙的科学，关于宇宙从哪里来，又将向何处去。

在爱因斯坦看来，物质并非直接影响彼此的，而是需要以它

---

① 即广义相对论。

们之间的空间作为媒介。这是爱因斯坦关于宇宙的看法与他的著名的前辈艾萨克·牛顿（Isaac Newton）的重要区别。牛顿的观点是，空间只是宇宙这幕大戏发展所需要的静止舞台背景，而爱因斯坦认为空间其实扮演了更为活跃的角色。

爱因斯坦理论的要点是空间是可以变形的，由于物质的存在，它会被弯曲。弯曲的空间难以想象，尽管我们没法亲眼目睹它，但我们如果把空间想象为一块柔软的塑料薄膜，就可以洞察到空间最重要的一些性质。如果我们把一个重球放在在这块薄膜上，球的周围就会形成一个凹坑。

同样道理，像地球这样的大质量天体也会在它周围空间形成“凹坑”。

现在想象一下把第二个球放到塑料膜上去。因为第一个球已经静止在它所产生的凹坑底上，第二个球很自然地边绕着它旋转边向它接近。

同样，在太空里的小天体也会落进地球周围的“弯曲空间”。

我们经常说地球通过引力作用吸引其他天体。但本质上来说，地球使空间产生弯曲，是这个被弯曲的空间影响了其他天体。因此引力的本质就是“弯曲空间”。

这个思想可以简洁地用一句话来总结：“物质告诉空间如何弯曲，弯曲的空间告诉物质如何运动。”这听起来有像“蛋生鸡鸡生蛋”，但自从爱因斯坦 1915 年提出他的引力理论以来，已经有许多观测证实了引力确实是这样起作用的。

爱因斯坦的思维盲点

1917 年，当爱因斯坦把他的引力理论应用到整个宇宙上去的时候，他应该立刻就发现了宇宙正在膨胀。他的方程明确无误地表现了这一点，呼唤着他的注意。但这位 20 世纪最伟大的物理学家并没有注意到这一点，或者更恰当地说，他选择了忽视。

让爱因斯坦无视事实的不是别的，而是他的成见。他已经先验地认定了宇宙应该怎样运行，因而事先已经决定无视其他任何可能性。爱因斯坦所深信不疑的，是我们所居住这个宇宙是“静态的”：所有的星系只是静止地悬浮在太空中，个别星系可能在宇宙中位置会有改变，但这不会改变总的密度，因为宇宙毕竟是“自有永有的”。

爱因斯坦之所以迷恋静态的宇宙，因为这最简单了。静态的宇宙永远不会有什么值得惊奇的事情，它永远会保持那副永不改变的面孔。你不必担心要回答那些烦人的问题，比如宇宙从哪里诞生的又将往哪里去之类的。静态宇宙没有开端，没有结束。静态宇宙之所以是这副样子是因为它从来都是这副样子。

但当爱因斯坦把他的引力理论应用到宇宙时，他发现星系似乎从不安分，总是处于运动状态。理由很简单，在引力作用下，每个星系都在相互吸引，所以总效果应该是所有的星系都向同一处聚集。

对爱因斯坦来说这很值得忧虑，他对于宇宙是静态的信念太强烈了，可不打算就此妥协。

让宇宙静止还是很困难的。为了拯救他的信念，爱因斯坦不惜毁掉他的方程的优雅，在其中生硬地增加了一个神秘的宇宙斥力。这个力只有在跨越极大的距离上才能感受到，因此我们以前从未注意到它。宇宙斥力与永不休止地把宇宙中的星系拉向一起的引力取得了平衡。

当时还没有这种奇特的力存在的证据。但爱因斯坦认为，如果它存在，就可以了阻止整个宇宙向自身坍缩，从而可以拯救静态宇宙模型免于被轻率地埋进坟墓。

这听起来太人为干涉了，确实如此。实际上，爱因斯坦方程还有许多更自然的解法，但讽刺的是，这些解法让其他人发现了方程中埋藏的真相。

一直在演化的宇宙

首先接受爱因斯坦引力理论的是他的一位朋友，荷兰天文学家威廉·德西特（Willem de Sitter)。1917 年德西特也把这个理论应用到了宇宙上，不过，跟爱因斯坦不一样的是，他并没有坚持认为宇宙的密度必须永远保持不变，他对爱因斯坦方程抱以更加开放的态度。

德西特发现了一种完全不同的宇宙模式，同样也服从爱因斯坦方程。从某种程度上来说，它非常奇特，完全不同于我们所在宇宙，因为这个宇宙中完全没有物质。但它具有一个与我们所在宇宙同样的性质：其空间在不停地膨胀。[①]

如果在这个空宇宙中放置两个粒子，随着空间的膨胀，它们之间的距离就会稳步增加。如果在这个宇宙中撒上大量的粒子，空间的总体膨胀会让任意两个粒子之间距离稳步增加。事实上，每个粒子相对于其他任何一个粒子都在退行，其速度正比于它们之间的距离。在“德西特宇宙”中，哈勃膨胀定律很自然地适用了。

遥远星系的红移在这样膨胀的宇宙模型中有一个更为简单的

---

① 讽刺的是，德西特其实一直在寻找一种符合爱因斯坦方程但又比爱因斯坦模型少一些人为色彩的静态宇宙模型。

解释，不需要多普勒移动，而是因为遥远的星系发出的光跨越太空到达我们的这段时间里，宇宙的尺度已经增长了，从而拉长了光波本身的波长。设想，在一个气球表面画一条弯曲的波浪线，然后吹起这个气球，波浪线的变化也就说明了光的波长是如何被拉长的，也就是红移的产生。

除了这个相当有趣的膨胀定律，德西特宇宙模型也没有太多可以研究的东西了，毕竟这里面连物质都没有。但在 1922 年，彼得格勒大学的俄国天文学家亚历山大·弗里德曼（Aleksandr Friedmann）改变了一切，他发现了一大类宇宙模型，其中和真实宇宙一样包含物质粒子，这些模型都遵守爱因斯坦的方程。

弗里德曼发现他的这些宇宙模型几乎从来都不是静态，它们的面貌随时间而改变，要么膨胀，要么收缩。在膨胀的宇宙中，物质粒子很自然地遵守哈勃定律。

为了区别于永不改变的静态宇宙模型，天文学家称随时间改变的宇宙模型为“演化宇宙”。5 年后，弗里德曼的演化宇宙模型再次被比利时天主教神父兼天文学家乔治·勒梅特（Georges Lemaître）独立发现。弗里德曼和勒梅特的宇宙模型的一个特点是它们总是从一次大爆炸开始，这是一次发生在极小空间高度致密状态下的猛烈膨胀，物质粒子由此诞生，并从此开始飞散。

勒梅特进而思索在宇宙诞生的时候究竟是什么引起了这次大爆炸，当时他已经了解放射性现象，在放射过程中不稳定的原子核碎裂，同时放出大量能量。因此很自然地，他设想宇宙可能是从一个“原初原子”开始爆炸的，整个宇宙的各部分由此开始飞散。当然他没有任何证据来证明这一点，但除此之外，也没有人能提出更好的想法了。

爱因斯坦最大的失误

当哈勃发现宇宙正在膨胀时候，他实际上为弗里德曼和勒梅特已讨论多年的理论提供了证据，我们的宇宙正在演化。它从一场大爆炸开始，从此就不断地膨胀。像什么是大爆炸、大爆炸之前是什么这样的问题会非常难以解答，但我们只能去面对这样的问题。此外，一个始终处在变化之中的宇宙注定充满了各种可能性，它比永恒不变的静态宇宙要丰富得多。

当爱因斯坦听说了哈勃的发现时，他意识到自己发明宇宙斥力是一个错误。他痛快地取消了宇宙斥力，并称之为“我这辈子最大的失误”。

实际上，爱因斯坦的静态宇宙从来都不成立，这一点已经被英国天文学家阿瑟·爱丁顿（Arthur Eddington）在 1930 年所证明。静态宇宙本质上是不稳定的，它恰好是处在膨胀和收缩之间如竖着的刀刃般的不稳平衡状态，哪怕最轻微的扰动都会让它倒向某一侧。

不过，我们必须为爱因斯坦辩护一下，在 1917 年他把引力理论应用到整个宇宙上去的时候，还没有人知道宇宙的基本单元是星系，对宇宙的认知仅限于银河系，当时人们对恒星的性质还不怎么了解。何况人们从来就以为宇宙是稳定不变的，爱因斯坦的这个非典型失误是情有可原的。

大爆炸是以我们为中心发生的吗？

前头我们很幼稚地以为宇宙大爆炸是以地球为中心的超级爆炸，在这场爆炸中星系就像宇宙榴霰弹一样四处飞散。但是弗里德曼和勒梅特的方程描述的却并非如此。宇宙的这场大爆炸和我们所熟悉的任何一次爆炸都大相径庭。

最明显的一点，当炸弹爆炸时，碎片飞向外面已经存在的空间，比如周围的空气等。但在宇宙大爆炸之前并不存在这样的空间，严格地说，那时候什么都没有。是大爆炸创造了一切，包括空间、物质、能量甚至时间。从刚被创生出来，宇宙就开始膨胀了。

如果你觉得这些不可思议，别着急。宇宙大爆炸是独一无二的，只会发生一次的事件。在我们日常经验中没有可以与之相比的事情。在这里，语言不足以描述一切。

两种“爆炸”之间另一个重要的区别是，宇宙大爆炸是在各处同时发生的，根本不可能指出任何地点是这场爆炸的中心，这跟普通的炸弹爆炸是完全不同的。大约 137 亿年前，每个物质粒子都动了起来，彼此之间急速远离[①]

在各处同时发生的大爆炸产生了非常重要的后果，它使宇宙中的每一个观察者都产生了自己处于宇宙中心的假象。所以，尽管我们看到其他任何星系都在远离我们而去，这并不意味着我们占据了宇宙中心这个特殊的位置。

理解为什么会这样的最好方法是把宇宙想象成一个正在胀大的蛋糕，蛋糕上的葡萄干代表星系。这个图景当然有缺陷，比如蛋糕会有棱角，而宇宙没有边界，不过它总体上还是可以代表的。

蛋糕胀大时，蛋糕材料向各个方向膨胀，各个葡萄干之间越离越远。这时候，如果你站在某个葡萄干的角度来看，无论是哪一个葡萄干，都会看到其他的葡萄干正在远离。同样，即使我们

---

① 137 亿年是当前对宇宙年龄的估计。

是住在仙女座星系或者我们最强大的望远镜所能探测到的最遥远的星系，其他星系都看起来正在离我们远去，就跟我们在银河系中见到的一样。在膨胀的宇宙中，每个人看到的都是同样的景象，每个人都以为他们处在万物的中心位置。

天文学家为宇宙中没有任何人比其他人更为特殊的这个特点起了一个名字，叫做“宇宙学原理”，这是16世纪伟大的波兰天文学家尼古拉斯·哥白尼（Nicolaus Copernics）提出的一个原理的自然外延。哥白尼生活在古希腊地球中心论的宇宙观仍然盛行的时代，但他提出地球是在围绕太阳运行，而不是相反。哥白尼原理可以简单的表述如下：在宇宙中我们并不处于某种特殊的地位。当然哥白尼时代所认识的宇宙还只是由太阳和行星构成的，恒星只是太阳系外围的一圈并不重要的背景而已。宇宙学原理是从16世纪宇宙观念到21世纪拥挤着众多星系的宇宙观念的一种自然的延伸。

为什么哈勃定律肯定是对的

前面我们证明哈勃定律是我们所居住在宇宙学原理所适用的膨胀宇宙的自然结果。星系推行的速度只能正比于它的距离，没有别的选择。

为什么会如此呢？我们可以想象有恰好在同一条直线上的三个星系A、B、C，并假定A、B之间的距离与B、C之间的距离正好相同。

我们假设星系B相对于A以每秒100千米的速度退行，这就意味着C必然也相对于B以每秒100千米的速度退行，因为我们知道宇宙从任何一处来看都是相同的，也就是宇宙学原理必然给出这样的结果。

那么星系C相对于A的速度是多大？嗯，它应该是每秒100千米再加上每秒100千米，也就是每秒200千米。所以C到A的距离是C到B的两倍，退行速度也是两倍。

如果我们推广到宇宙中的所有星系，我们会发现，距离三倍远的星系会以三倍的速度退行，以此类推。这就是哈勃在1929年发现的膨胀定律。这也表明，如果宇宙是膨胀的，并且从任何一点看起来都是一样的，那么宇宙膨胀定律必然成立。

为什么夜空是黑的

虽然爱因斯坦曾希望宇宙是静止并且无限大，但人们并不曾发现这样的证据。实际上，最简单的观测，夜空是黑暗的就是一个相反的证据。

加入宇宙向各个方向无限延伸，恒星也以同样的密度排列直到无限远处，那么我们在地球上向任何角度看去总会看到一颗恒星。在天空的亮星之间必然存在一些较暗恒星，在这些较暗恒星之间又必然存在更暗的恒星，如此类推到无限，那么天上的恒星之间不会有间隔存在。由于从地球上向任何方向看去，总会看到恒星，那么整个夜空应该看起来就像一颗典型的恒星一样明亮，这个推论可与我们实际观测到的大不相同。

这是德国天文学家约翰纳斯·开普勒（Johannes Kepler）在1610年首次指出的悖论，他以发现行星围绕太阳运行的定律而著名。另外一些天文学家，包括埃德蒙·哈雷（Edmund Halley）（哈雷彗星就是用他的名字命名的）也意识到了理论和观测上的这个冲突。不过，今天这个悖论被称为“奥伯斯佯谬”，因为德国天文学家亨因利希·奥伯斯（Heinrich Olbers）在19世纪初使它广为人知。

看到这个争论的另一个方式是把宇宙看成是由距离地球远近不同的同心壳层（厚度相等）组成的，就像洋葱的层次结构。远处壳层里的恒星比近处壳层的恒星显得暗仅仅是由于距离不同。但尽管远处壳层的恒星显得暗，但数量更多，因为远处壳层的体积更大。事实上，在恒星密度均匀的情况下，不管壳层的距离有多远，恒星数量的增加能够弥补距离造成的暗淡，也就是每个壳层贡献的光亮度是相同的。因此，既然在一个无限大的宇宙中，壳层的数量是无限的，天空的亮度也应该是无限的！

实际情况当然说明，这个推理中肯定哪里出错了。恒星看起来不比针刺出来的小孔更大，但实际上它们都有圆面，只是望远镜的放大倍数不足以识别罢了。因此，近处的恒星会遮挡住它后面更远处恒星的光，考虑这个效应的话，能够得到一个不是那么荒谬的答案：夜空不应该是无限亮，但应该跟普通恒星一样亮。

宇宙中的大多数恒星（大约70%）属于红矮星，比我们的太阳温度稍低。所以夜空看上去应该完全是红色的，我们就好像生活在一颗红矮星的表面上一样！而实际上夜空中的可见光波段亮度比这样一颗红外形表面要暗上大约1万亿亿倍。

因此夜空是黑暗的这个看起来最不起眼的观测结果，却已经告诉我们宇宙不可能是静态的，不是充满无穷无尽的恒星。

像我们这样经历过大爆炸的宇宙中，有两种因素导致夜空不会变得明亮。第一是宇宙的膨胀。由于宇宙在膨胀，来自越远方星系的光就产生更大的红移，由于红移导致光的能量降低，红移效应也就减少来自遥远星系的光能，因此，在较远距离上的星系对于夜空亮度的贡献要比静态宇宙模型中的贡献少得多。

不过另一种效应更为重要，在大爆炸宇宙中导致了漆黑的夜空，这就是宇宙有一个开端而不永远存在。这意味着宇宙并不是像开普勒、奥伯斯等人所设想的那样，在任何视线方向上终将遇到一颗恒星。为什么会这样呢？你要知道我们之所以能够看到某个遥远的恒星或者星系，是因为它们发出的光有足够的时间到达我们这里。如果时间不够，我们是无法看到它们的。

所有这一切都与光速有关。以任何标准来说，光速都是极端快的，但并不是无限大。光速为每秒 30 万千米，或者说每小时约十亿千米。你打一个响指的时间，已经可以供光在欧洲和美国之间走上 30 个来回了。

不过，尽管光行动迅速，但宇宙还是太大了。来自太阳的光抵达地球要花约 8 分钟，来自最近的恒星半人马座阿尔法星的光要走上 4 年多，但要说起最遥远的星系，它们的光就得经过数十亿年才能到达我们这里了。假设太阳此时此刻突然熄灭，我们必须要到 8 分钟之后才知道。可以肯定的是，在星系的光传到我们这里的这段时间里，这些星系肯定已经改变了（有许多可能早已消亡了）。光速的有限性意味着我们向越来越深处的宇宙窥探时，我们正看到越来越远的过去。

在一个有开端的宇宙中，有限的光速还有另外一个后果。尽管恒星的分布范围非常广，但我们只能看到“视界”范围之内的天体，视界之外是无法看到，因为即使从宇宙开端算起，那里的光线也没有足够的时间抵达我们这里。视界可以用航船在海上遇到的情况做类比，宇宙的尽头不是船长所关心的事情，他只在乎他所能见到的范围。

我们只能看到有限视界范围内的恒星和星系，这个效应才是夜空之所以是黑的最重要的原因。也就是说，假想中视线的距离必须大大超过视界范围，才可能每条视线上都能见到一颗恒星。

所以，在大爆炸宇宙中，夜空是黑的是由于宇宙的年龄有限，其次是由于它在膨胀。实际上，在大爆炸宇宙中简洁地说，夜黑是这两种效应共同形成的。因为膨胀也是由于宇宙在相对较近的时期发生大爆炸所导致的。

这里需要加以说明的是，虽然开普勒、奥伯斯等人正确的指出夜空黑暗是一个巨大的谜题（这个谜只有在大爆炸宇宙中才能解释），但他们认为夜空应该像普通恒星一样亮还是想错。他们未能想到的事实是，恒星并不是永远存在的，它们燃尽燃料就会熄灭，一般在大约100亿年之内。但正如天体物理学家艾德·哈里森（Ed Harrison）在1964年指出，宇宙中的恒星们得燃烧上100 000 000 000 000 000 000 000年（1千万亿亿年）才能把宇宙充满足够的辐射，让夜空变得与普通恒星表面一样亮。所以奥伯斯佯谬并不是真正的佯谬，只是宇宙当下这个特殊时期的例外情况。

尽管如此，奥伯斯佯谬还是促使人们对无限的静态宇宙进行了深刻的检验，这些思考最终证明这样的宇宙是不可能存在的。爱因斯坦忽视了他的引力方程所给出的信息——如果时间没有开端没有随之而来的膨胀，宇宙本身就不可能存在。

大爆炸宇宙学 vs 稳恒态宇宙学

不过“宇宙从来就如此”的观念并没有从此消失，爱因斯坦通过发明宇宙斥力而使宇宙保持时空稳定的做法非常具有美感，以至于其他人也准备通过某些方式扭曲物理定律来继续获得静态宇宙。

1948年，英国宇宙学家弗雷德·霍伊尔（Fred Hoyle）、赫尔曼·邦迪（Hermann Bondi）和托马斯·古尔德（Thomas Gold）提出了稳恒态宇宙理论，这是基于某种被称为完全宇宙学原理的理念，这个理念将宇宙学原理推进了一步，认为宇宙在任何地点任何时间看起来都是一样的。

霍伊尔和他的同事们认为，宇宙以某个恒定速度膨胀，而物质在整个宇宙中持续地产生以填补膨胀所带来的空白。这些物质是从真空中产生出来的，恰恰足以补偿膨胀而使宇宙密度稳定不变。

这些物质从何而来，霍伊尔和邦迪没有说明，古尔德也说不出来。不过，当时大爆炸中的物质从何而来也同样无人知晓。接下来15年中，大爆炸理论和稳恒态理论好比两匹赛马彼此不肯相让。① 不过到20世纪60年代早期，大爆炸理论已经遥遥领先了。

在英格兰的剑桥大学，天文学家马丁·赖尔（Martin Ryle）一直在进行射电星系的巡天工作，射电星系产生强烈的射电波（也叫无线电波），这些辐射本质上和光波一样也是电磁波，但波长要比光波长上百万倍。赖尔发现在银河系附近射电星系数目相对较少，而在远处更多。由于这些遥远星系的射电辐射要经过数十亿年才能到达地球，赖尔总结出在遥远的过去必定比现在有更多的射电星系。换言之，宇宙是随时间而变化的，这直接否定了稳恒态理论。

---

① 讽刺的是，“大爆炸”（big bang）这个词正是霍伊尔1949年在BBC广播节目中给稳恒态理论的竞争对手起的绰号。

第三章 原初火球

——热大爆炸中“煮”元素

1931年，当一位名叫乔治·伽莫夫（George Gamow）的27岁的俄国物理学家在纽约下船寻找新住处的时候，哈勃发现膨胀宇宙已经是五年前的事情了，但这件事还没有完全成为科学界公认的科学事实。虽然大多数科学家接受了哈勃关于几十亿年前宇宙确曾有过一次惊人爆炸的证据，但没有人认真考虑过科学应如何对待这场大爆炸中发生过的事情发表什么看法。这个观念实在是太令人匪夷所思了。

这种胆怯的情绪是普遍的。科学家可能在黑板上也潦草地写下过几行有关的神秘公式，都毫无进展地放弃了，但在内心深处他们还是几乎不能相信宇宙居然会亦步亦趋地服从这些看似随意而脆弱的公式的指挥。这些描述了整个宇宙的诞生和演化的公式还在等待一个像爱因斯坦那样异常英勇的人到来才肯显示它们深邃的暗示。

乔治·伽莫夫将会证明他就是那个人。

在移民美国之前，伽莫夫曾经跟随彼得格勒大学的亚历山大·弗里德曼学习过宇宙学，在剑桥他曾跟欧内斯特·卢瑟福（Ernest Rutherford）一起工作（卢瑟福是整个核物理学的开创者），在哥本哈根他又跟尼尔斯·玻尔（Niels Bohr）一起工作（玻尔则开创了当代的原子理论）。伽莫夫的兴趣广泛，从恒星理论到生物学到科学普及写作。[①]但这次他将在宇宙学领域留下大名。

伽莫夫在几乎所有问题上都存在失误。但他的成就也是巨大的，因为他是第一个认真严肃地对待大爆炸理论的，并应用核物理学来预言宇宙创生早期所发生的事情。10年之后，其他人才跟上他的步伐，继续猜测在大爆炸最初的瞬间曾发生过什么。

从表面来看，导致伽莫夫考虑大爆炸的原因其实与时间起点一点儿关系也没有。在20世纪30年代伽莫夫试图揭示化学元素从何而来。他想知道氧、碳元素从何而来，铁、金元素又是从哪里产生。这些元素构成了宇宙中所有的事物，包括我们的身体、地球和恒星，但它们总得有个来处吧？

但伽莫夫开始思考这些问题的时候，天文学家们已经拥有了一些重要线索，在过去几十年中，他们仔细地检查了上千颗恒星的光谱，从这些光谱中那些缺失的颜色图样，天文学家能够推断出是哪些元素吸收了这些光，这样他们就能够计算出在宇宙的不同位置各种元素是如何分布的。

天文学家们发现，在宇宙各处，这些元素几乎是以绝对相同

---

① 伽莫夫猜测，“核酸基”的短序列沿着DNA分布，可能形成一个“代码”以指导我们的身体中的蛋白质的合成。当时只有少数几个人猜对了。弗兰克西斯·克里克、詹姆斯·沃森和莫里斯·威尔金斯证明了他的想法是正确的，并在1962年获得诺贝尔奖。

的比例存在。这明白地昭示这些元素在宇宙中是经历了某些共同的过程而产生的。伽莫夫猜测宇宙最初只拥有非常简单的一种成分，然后所有的元素都是通过某些方式从这种成分中产生。伽莫夫并不是第一个提出这个想法的人，但他比任何人走得都要远。

原子的世界

当伽莫夫开始他的探索之路时，物理学家已经了解到，从最轻的氢元素到当时发现的最重的铀元素，所有的元素都是由三种基本组成部分，也就是被称为质子、中子和电子的三种微粒。每个原子都有一个原子核，是由质子和中子组成的致密团块，它就像太阳一样位于快速运动的电子组成的电子云的中心。

使氢原子有别于其他原子比如碳或铀元素的关键因素是原子核内的质子数，质子数精确地与在轨道上运行的电子数相平衡。氢元素只有一个质子和一个电子，而碳元素有六个质子和六个电子。相比来说，铀的原子核是个庞然大物，其中有 92 个质子，核周围是 92 个急速旋转的电子构成的云雾。

质子和电子由它们之间的“电”力束缚在一起。电子带有负电荷而质子带正电。没有人真地理解电荷究竟是什么，只知道不同电荷（也就是电子和质子）之间的力是相互吸引的，而相同电荷之间的力是相互排斥的。

中子没有电荷，这意味着它们不会受到电力的影响。在原子核内部，中子将质子们隔开，所以它们能够共同存在。氢只有一个质子，所以不需要中子；但为了保证铀核的稳定，就需要 150 个中子。如果没有这些中子，只有带正电的 92 个质子，它们之间的电场力就会使原子核爆裂。

显然，必须有另外一种力来抗衡的电场力，否则原子就不可能存在。这种力是存在的，这就是“强核”力，它就像胶水把一个原子核内的中子和质子黏合在一起。

与电场力不同的是，核力的作用范围极短。这意味着，质子和中子必须得靠得非常接近才能存在感受到核力。一旦它们得到足够接近，核力就把它们紧紧抓在一起。

尽管核力很强，但它不是压倒性的。核内的基本成分能够重新自行调整组织。20 世纪初期，人们就发现，这种情况天然存在于一些“放射性”原子中。它们的原子核是不稳定的，有时自发地吐出了一些中子或质子，在这个过程中变成其他原子。自然界能够做到的事情，物理学家们很快也学会了。1932 年，英国物理学家约翰·科克罗夫特（John Crockroft）和 E. T. S. 沃尔顿（E. T. S. Walton）“分裂了原子”①。

宇宙蛋糕的成分

通过增加或减少基本组分（质子和中子）能够改变原子，这个全新的观念是伽莫夫投身于追寻化学元素起源的最初线索。

伽莫夫猜想宇宙最初是质子、中子和电子的混合物，所有的元素都是由这些成分“组装”而来。后来他的一个合作者把这种混合物称为“元素汤”。如果“元素汤”密度足够高，温度也足够高，质子和中子将开始碰撞并黏合在一起形成轻的元素，接下来轻元素们也会彼此碰撞并形成较重的元素。

你可以设想很多构成元素的反应方式，但一旦原初的成分确

---

① 实际上，正是伽莫夫告诉科克罗夫特和沃尔顿“分裂原子是可能的”。这两个人在 1951 年被授予了诺贝尔奖。

定了，根据已知的物理学定律，所形成的元素也随之确定。你只要进行计算，并把最终结果和今天我们周围的元素组成进行对照比较就行了。

这就像在缺少配方的情况下制作水果蛋糕。一种可行的方法是把一些可能的原料放在一起，在烤箱中焙烤，然后把烤出来的蛋糕跟从店里买来的进行比较。如果它们不太一样，原料就需要调整再进行焙烤。经过多次试错之后，终究能够制成完美的水果蛋糕。

从质子、中子和电子开始，伽莫夫尝试调配出我们今天宇宙中元素的精确配比。这种“元素汤”必然是极端高温的，这是显而易见的。核子（质子、中子）只有以高速碰撞才能黏在一起，高速度也意味着高温[①]。在低速情况下，各原子核里质子之间的电斥力就会在原子核相互靠近之前把它们分开，从而它们不可能被对方的核力所捕获。在高温之下（伽莫夫认为这需要数十上百亿开），两个原子核猛烈地冲撞，足以克服两者之间的电斥力，从而靠得足够近，能够扑进彼此的怀抱。

但在宇宙何处能找到百亿开的高温？看来找到这样高达上百亿开的“自然熔炉”是件难以办到的事情，更别说炼出来所有的化学元素了。

魔法熔炉

伽莫夫伟大的洞察力使他意识到，整个宇宙在非常年轻的时候就是这样一个熔炉。假如像电影回放一样能够以某种方式使宇

① 温度的意义也正在于此，温度是对构成物体的微观粒子运动速度快慢的测度。

宙膨胀倒转，我们会看到它变得越来越致密的同时也在越变越热，这跟自行车打气筒中的空气被压缩而温度升高是一样的。伽莫夫是认识到大爆炸必然是一次“热”大爆炸的第一人。

伽莫夫设想早期宇宙是被压缩到极小极小体积内，由质子、中子和电子组成的沸腾团块。某种原因导致这个团块突然开始膨胀并冷却，在这个过程中，这些基本成分之间的核反应形成了所有的元素。所有这一切都在大爆炸之后的几分钟内完成，如果时间过久火球膨胀太过温度和密度都就会过低，核反应也就无法持续。

伽莫夫尝试了多种不同的“蛋糕”成分，比如其中一次尝试是设定“元素汤”是由质子和中子构成超级致密的物质。不过这种想法很快就破产了，这实际上跟 1931 年乔治·勒梅特所提出的“原初原子”相似，这种物质释放出来的巨大能量要能够把混合物加热到数十亿开的高温。

对伽莫夫来说，大爆炸是与“元素汤”的崩溃同时发生的。此时，对于“元素汤”来自何方，又是什么引发了它的崩溃，伽莫夫也一无所知。像所有的科学家一样，他一次只试图回答一个问题。

原初火球

伽莫夫很快认识到，“元素汤”中不只包含粒子。任何温度的物体都会产生辐射，温度越高辐射的能量也越高。在十亿度时，物质会产生高强度的伽马射线，这是一种比可见光的波长短得多的高能量辐射。

因此早期的宇宙也必然是光耀明亮的火球。

在这样的火球中，光辐射不可能像在今天的宇宙中这样自由地传播很远的距离。在原初火球中含有大量的自由电子，它们会极力阻止光辐射的前进。自由电子特别善于吸收和释放光辐射，这一过程也可称为散射。

光在空间中传播时虽然表现出波的性质，但它与物质作用时的表现却像是子弹一样的一束粒子①。所以在火球中，每个光粒子（称为“光子”）会一再地与电子发生碰撞②。

当光子和电子发生散射时，如果光子能量比电子高，光子通常会把部分能量传递给电子。想象一下，当一辆汽车撞上一辆摩托车时，汽车的能量通常比摩托车大，能量是从汽车传递给摩托车。另一方面，散射时如果光子比电子能量低，光子就会从电子上得到能量。两个电子发生碰撞时也会发生同样的事情。高能的粒子通常会损失能量传递给另一个粒子。

高能粒子与低能粒子分享能量的特性会产生重要的后果。如果粒子有足够的时间彼此碰撞，那么多数粒子会尽可能地携带有同样的能量。

这正是宇宙大爆炸火球中所发生的事情。虽然宇宙膨胀得很快，但光子与电子、电子与电子之间的相互作用发生地速度更快，所以在膨胀过程中的每一刻，能量都在所有的粒子之间得到了平均分配。

任何系统中如果粒子达到了这样一种稳定的共同状态，它就

---

①　为什么电子具有这种波/粒子特性是科学上的一大谜题。实际上光既不是粒子也不是波，不过在语言上我们没有适当的词语来描述这一点。

②　光的波长越短，光子的能量就越高。比如蓝光光子比红光光子的能量要高得多。

被称为达到了“热平衡”。这里的“平衡”一词并不是意味着每个粒子的能量不再变化，就像前面所说，所有的粒子都会继续参与这种施与夺的游戏。保持不变的是在任意能量范围内的粒子数量。在任意能量范围内，有多少粒子被踢出去，就有多少粒子被踢进来。所以这里的“平衡”只是统计意义上的。

热平衡状态的物质在物理学家心目中有着特殊的地位，理由则是它们最易于理解。为了预测整个系统的特性，物理学家不要坐下来计算数十亿百亿个随机运动的粒子的能量。在热平衡状态下，粒子的统计特性是可以预言的。特别是粒子的能量分布方式简单，只依赖于温度，这对物理学家来说易于计算。[①] 这与粒子是金原子还是质子或中子无关，只要它们处于某个温度的热平衡状态，它们的能量就以同样的方式精确地分布。这里不存在任何讨厌的复杂性。

其实在现实中，很难找到处于真正热平衡状态的物质，因为要达到这样的状态，粒子系统必须必须保持稳定较长时间，在这段时间里，如果有任何能量逃逸或从外界输入，要达到平衡就更难了。这意味着这个粒子系统必须与其周围环境相隔离。

不过虽然在自然界中不存在真正的热平衡态，但经常可以近似达到。比如，在太阳内部就近似处于热平衡态。在太阳内部深处，光子被自由电子碰撞，来回散射，它们都像是被限制在一个巨大的盒子里。只有很少泄露出来，经过太阳表面逃逸，照亮地球。但热平衡状态最好的例子还是大爆炸火球。毕竟它是被限制在宇宙这个盒子里，根本不存在能量摄入或逃逸的可能性。

---

① 严格来说，温度只能对处于热平衡状态的物体进行定义。

与物质达到热平衡状态的辐射具有一种特殊的性质。就像物质粒子的能量具有简单分布一样，辐射粒子（即光子）的波长也具有简单分布。这种热辐射的光谱对物理学家来说就像爱因斯坦的面孔一样熟悉。它的形状由只依赖于温度的统一公式来描述，与和辐射进行相互作用的物质的任何性质都无关。

因为吸收所有光线的漆黑表面所辐射的光谱与热平衡态是一样的，所有热辐射又被称为“黑体辐射”。不幸的是，“黑体”这个词经常被人们与“黑洞”相混淆。比如太阳和所有的恒星，都可以看作性质优良的黑体，但这并不是说它们“黑”，只是光谱符合“黑体辐射”，你看得晕了吗？因大多数物理学家坚持使用“黑体”这个词，我们也只好用它了。

热辐射或黑体辐射光谱具有特殊的山峰形状。随着波长的增加，任意波长范围内的能量陡然上升，形成一个峰，随即又陡然下降。黑体温度越高，峰的波长越短。对于太阳来说，峰值波长是绿光的波长。

黑体辐射光谱在较长波长处减弱的原因显而易见。想象被限制在一个由不透光的壁组成的盒子里，任何波长大于盒子维度的辐射都会被排除，因为它们无法被盒子所容纳。在短波方向，解释光谱的下降就需要考虑辐射的光子本质。光子的波长越短，能量就越高，所以在短波方向，需要太多能量来形成短波，系统无法提供。

原初火球的辐射

1946年，伽莫夫招收了一位名叫拉尔夫·阿尔弗（Ralph Alpher）的研究生。实际上正是阿尔弗第一个提出用“元素汤”

这个词来描述形成所有元素的最初那种高能辐射海洋里的由中子、质子和电子组成的混合物

伽莫夫建议阿尔弗去计算在逐渐冷却的火球中所产生的各种原子数量，看它们能否与今天观察到的数量相匹配。参与这项工作的，最开始除了伽莫夫和阿尔弗，还有一位来自普林斯顿的研究生罗伯特·赫尔曼（Robert Hermann）。

阿尔弗和赫尔曼做了这些计算，但他们也开始思考火球的辐射。与伽莫夫一样，他们也意识到辐射具有黑体光谱。随着电子吸收和散射光子，能量不停地在光子和物质之间进行传递。即使随着火球的膨胀，光子被越拉越长并逐渐冷却，但火球辐射仍会保持黑体特性。所不一样的只是隆起的峰值逐渐向长波方向移动。

不过阿尔弗和赫尔曼意识到了伽莫夫所忽视的重要事情，今天的宇宙中应该仍然充满着火球的残余热量，即使火球由于宇宙膨胀已经极度冷却了。

在大爆炸之后约 38 万年时发生了非常重要的变化，当时膨胀火球的温度已经降到了约 3000 开。在此之前，宇宙是大爆炸最初几分钟里形成的电子和原子核浸在光辐射里形成的沸汤。但此时突然辐射温度足够低，允许电子和原子核结合形成原子了。宇宙中的所有电子将很快被抹去。

这个效应对火球辐射的影响是非常巨大的。没有了电子，就没有什么能够散射火球光子。快速冷去的火球突然变得透明了。

用物理学家的话说，光子不再“走”，而开始“飞”起来。物理学家们所谓的“走”，是指单个光子的路径让人想起醉鬼走路的样子。一个光子在直线上走不了多远就会撞到一个电子，随

即被“散射”到另外一个方向去了。

但突然之间，在大爆炸之后38万年，一切都变了。原子抹去了所有的自由电子，所以光子能够无拘无束地在空间中飞奔起来。[①]

在这个“最后散射时期”之后，在直线上行进上困难重重的光子突然再也不受电子干扰，能够毫无阻碍的飞奔起来。自此之后它们就自由飞行，并随着宇宙尺度膨胀而逐渐损失能量。

在最后散射时期之后，最初曾紧密相联的物质和光子走上了各自的道路。火球辐射的光子已经在过去137亿年里飞行，也没有遇到一个粒子。

宇宙继续膨胀，拉伸并冷却辐射。到如今它仅仅是微弱的光芒了。阿尔弗和赫尔曼预言，今天的“背景辐射”将会是零下268摄氏度，即在绝对零度之上的7开[②]。背景辐射温度就是宇宙的温度，随着宇宙经历极度膨胀而极度降低。

1948年阿尔弗和赫尔曼将他们的预言写成论文发表在国际科学期刊《自然》杂志上。最初伽莫夫觉得这个想法没什么大不了。他与阿尔弗、赫尔曼争辩说，虽然宇宙可能充满了来自大爆炸的残余辐射，但实际上从地球上不可能观测到它。问题在于星光，伽莫夫认为它的能量密度与残余辐射的能量密度相同，从而不可能将两者区分开来。

---

① 在太阳里也有非常类似的过程。在太阳核心由核反应产生光子向外“逃走”的路上一再被散射。这条道路太曲折了，光子历经约3万年才到达太阳表面。一旦到达，光子就自由了，只需要8分钟就能到地球上。因此今天的太阳光实际上是3万年前产生的。

② 绝对零度是可能获得的最低温度，因此在物理学中具有特殊地位。随着物体被冷却，其中的原子运动越来越慢。在绝对零度（也就是−273℃）原子都停止运动了。开尔文（开），为热力学温标或称绝对温标，是国际单位制中的温度单位。

不过，伽莫夫逐渐地理解了阿尔弗和赫尔曼的观点，他意识到自己错了，火球辐射具有不一样的特征，利用足够灵敏的望远镜立刻就能够分辨出来。

预言过犹不及也

尽管如此，阿尔弗和赫尔曼的预言还是被所有人都忘记了。事实上，它在长达 20 年的时间被科学家们所忽视。原因之一是连阿尔弗和赫尔曼自己也不知道在 1940 年代就已经存在能够搜索大爆炸冷却后的残余辐射的望远镜了。1950 年代中期，他们和同事詹姆斯·福林（James Follin）也确实与国家研究实验室和国家标准局的无线电专家们讨论过寻找残余辐射。但他们被告知当时的技术手段并不足以探测到这样微弱的辐射。这个信息是错误的。

但这个预言被遗忘的最重要原因是，伽莫夫关于重元素形成的理论是错的。这个理论对氦元素（氢之后最简单的元素）适用，它预言从大爆炸中产生的约 25%的物质是氦元素。这与天文学家在恒星及星际空间漂浮的气体中所发现的完全相符。

但对于更重的任何元素的产生，这个理论就很糟糕了。早期宇宙很快从炽热致密的状态中冷却下来，不足以发生产生碳、铁等元素的热核反应。

正如弗雷德·霍伊尔和他的同事在 1950 年代后期所证明的，所有比氦更重的元素都是在大爆炸之后才产生的，它们诞生于炽热的恒星内部。

第四章　测量宇宙的温度

——寻找火球辐射

伽莫夫在他关于宇宙中大多数重原子都是在一次热大爆炸中产生的思想，看样子已经走进了死胡同。但在1960年年初，普林斯顿大学的一位物理学家也提出了早期宇宙必定很热的结论。他并不了解伽莫夫的工作，完全是根据不同的理由提出这个结论的。他不是要生成元素，而是要尝试打碎元素。

鲍勃・迪克（Bob Dicke）是一位在多个领域取得成就的科学家。他学生时代是作为原子物理学家来培养的，但后来从事取代爱因斯坦引力理论的非主流研究，想从实验证明牛顿引力理论在更高的精度上仍是正确的。在第二次世界大战期间，迪克是麻省理工学院辐射实验室里发展雷达技术的重要人物之一。

迪克还对宇宙学感兴趣。但大爆炸理论让他深感不安，特别是它认为几十亿年前宇宙才是从无到有，并开始膨胀。他想知道在大爆炸之前发生了什么。被问到这个问题时，大多数科学家只是耸耸肩，说科学还没有给出答案，但迪克认为这是对责任的一种可怕的逃避。他决定寻找一种更令人满意的理论，它要比传统的大爆炸理论稍为完善。他最后选择了振荡宇宙模型（或称为“弹性模型”）。

巨大的跳动之心

对迪克来说，宇宙就像一个跳动的巨大的心脏，它在虚空之中不断的膨胀又收缩。对于所有的星系看上正在离我们快速远去的原因，他认为这仅仅是因为人类出现的时期宇宙正好经历膨胀阶段，这是多次膨胀中的一次。

但即使在这个阶段，膨胀也因为星系之间的引力拉扯而正在制动。对于未来，迪克预言，膨胀将会减速之静止，随后完全逆转。所有一切都将经历一次失控的坍缩阶段，直至物质被压缩到最大可能的密度。迪克声称，从这个被压缩的状态（称为“大坍缩”），我们的宇宙将会再次“反弹”回到今天的状态。

振荡宇宙模型的最大诱惑在于它免除了创世时期以及一切令人不安的问题。在振荡模型中，大爆炸并不是唯一的，在过去的时间里曾发生一长串巨型的大爆炸，它只是其中的一个。

振荡模型跟稳恒态模型一样，只是把大爆炸之前是什么这个恼人的问题简单地搁置了。在此之前还有一次大爆炸，在那之前还有一次。宇宙并没有开端，它只是在虚空之中不停地脉动。

但还有一件未决之事等待迪克来解决。伽莫夫在大爆炸中创造元素的尝试失败之后，弗雷德·霍伊尔和他的同事已经证明宇宙中的重元素都是由恒星中心的熔炉中的氢元素形成的。这个理论在预言什么元素普遍存在，什么元素非常稀有等方面非常成功，几乎没有人再怀疑它的正确性。实际上，在 20 世纪 60 年代初，天文学家发现年老的恒星包含的重元素确实比年轻恒星要少，这正好符合预期，随着时间流逝，在恒星中心产生了原来越多的重元素，这些元素的积累反映在新形成的年轻恒星上。

但如果宇宙是从主要是氢元素开始，恒星把其中一些氢熔为重元素，那么在上一循环膨胀-坍缩周期中产生的重元素哪里去了？在收缩末期的“大坍缩”和下一次膨胀开始的“大爆炸”之间，必然有一个过程会摧毁宇宙中所有的重元素。

迪克意识到极度的高温会恰当地完成这项工作。在压缩时期，宇宙必然非常热，至少有数十亿开。在这样的温度下，重元素原子将会猛烈地碰撞在一起，它们将会解体分裂成氢元素。上一宇宙时代的任何一丝痕迹都将被抹去。不复存在任何重元素的宇宙将会开始新一轮的循环。

在宇宙早期如此炽热的状态一个无法避免的后果就是强烈的辐射，迪克，跟他之前的伽莫夫一样，得出结论宇宙早期必然是一个光明灿烂的火球。

无处不在的微波背景

讽刺的是，迪克想的是怎样打碎重元素，而伽莫夫想的是怎样生成重元素。双重讽刺的是，伽莫夫和迪克在存在火球辐射上都是对的，但对它存在理由上却都错了。

和伽莫夫一样，迪克想知道火球辐射是由什么形成的。他意识到宇宙的膨胀已经使辐射冷却，并不断地拉长光子的波长，使其能量衰竭。火球辐射的残迹不再具有数十亿开的高温，今天已经变成了微弱的低温，仅仅比绝对零度高几开。它不再是高能的伽马射线，而表现为短波长的射电波。

但迪克发觉了伽莫夫、阿尔弗和赫尔曼未曾想到的事情，那就是探测宇宙辐射的良机已经成熟。

在迪克的普林斯顿“引力组”工作的是两位年轻的物理学家，戴维·威尔金森（David Wilkinson）和彼得·罗尔（Peter Roll）。“有一天迪克冲进实验室，”威尔金森回忆说，“他说，‘哎呀！你们知道在宇宙中可能存在这种残余辐射吗？’”

威尔金森和罗尔被从事搜寻来自大爆炸的辐射的可能性激起了兴趣。这种残余辐射有两个独特而令人震惊的特征。首先，因为它在太空中无所不在，所以看上去就像来自天空中的任何一个方向。其次，它应该具有黑体辐射谱。

如今这种辐射应该很冷了。它应该在 1 厘米和 1 米之间的短射电波处最亮，这就是所谓的微波。因为它看上去来自天空的任何方向，所以你不需要一个巨大的望远镜才能看到这种辐射。你所要做的就是用一个特制的小型射电望远镜来测量“宇宙的温度”。

第一台能够在约 1 厘米波长处运行的灵敏射电接收器早在第二次世界大战期间就已经建成了。雷达设备要造得很小以便装在飞机上，所以在短波、微波方面已经取得了大量的成果。迪克本人就在 1946 年发明了后来成为测量天空微波标准的仪器。①

在 1964 年春天，威尔金森和罗尔开始建造一台仪器来寻找他们所谓的“原初火球”。

一个滚雪球般爆炸的思想

迪克在指挥威尔金森和罗尔搜寻大爆炸辐射的同时，也指派

① 直到今天，天文学家们还把它称为“迪克辐射计”。

了一位年轻的加拿大理论学者思考如何估计当前的火球温度。

吉姆·皮布尔斯（Jim Peebles）从加拿大马尼托巴大学来到普林斯顿之后，就一直在攻读粒子物理研究生。毫无疑问，如果不是与一位也来自马尼托巴的同学鲍勃·穆尔（Bob Moore）偶然聊了一次天，他还会停留在粒子物理领域。鲍勃比皮布尔斯早一年来到普林斯顿。“鲍勃告诉我，跟他一起工作的鲍勃·迪克开了一个研讨班，比我正在做的事情有意思得多，”皮布尔斯说，“我就跟一些人一起去了，鲍勃绝对没有说错。”

皮布尔斯迅速理解了迪克的思想，宇宙早期存在灼热火球，并且其残余辐射存在被观测到的可能性。“这是个很好的想法，”皮布尔斯说，“跟所有的好想法一样，它点燃了一连串的思想。”

皮布尔斯立即投入到关于热大爆炸之意义的研究。他首先想到的是大爆炸会产生氦元素和其他几种元素的丰度。很快他就算出来应该产生多少氦，并且这个数量与当前宇宙温度的关系。

皮布尔斯发现的是，宇宙中25％的质量应该是氦元素。此时他还不知道这恰恰是天文学家已经在许多恒星中发现的氦丰度值。“我的天文学知识非常有限。”他说。不过更早一些时候，皮布尔斯写过一篇关于木星结构的科学论文，其中一个结论是木星质量的25％应该是氦元素。他查了太阳里的这个数值，发现完全一样。“这至少让我确信我有能力使关于大爆炸的计算结果与我们对太阳系的了解保持一致。”皮布尔斯如是说。

实际上，他已经解决了天体物理中最大的未解之谜之一：为什么在宇宙中有这么多的氦元素。虽然弗雷德·霍伊尔和同事已经无可争议地证明大多数元素是从恒星熔炉中锻造出来的，但氦元素仍是一大谜团。人们只是知道自大爆炸以来，恒星不可能把宇宙中 25%的物质转变成氦。甚至连霍伊尔都认同了元素是在两个地方形成的想法：重元素在恒星中形成，而氦这样的轻元素在其他地方形成。

当然，伽莫夫已经定位了后面这个地方，即宇宙之初的火球。但因为无法产生其余的元素，他的理论已经被人们不予置信。这表明自然并不简单。元素并非要么都在恒星中形成，要么都在大爆炸中形成，它们是在两个地方形成。当伽莫夫的研究成果被抛弃一旁的时候，婴儿和洗澡水一起被倒掉了。

皮布尔斯在他参加的第一次关于热大爆炸宇宙学的学术研讨会上，他告诉听众如果把这一切联系在一起来看，宇宙的温度应该是 10 开。“我当时还不知道阿尔弗和赫尔曼在 16 年前就从相似的推理思路出发得到了相似的结果。”皮布尔斯说。

不过，虽然皮布尔斯热情地开拓了迪克的思想，但迪克对威尔金森和罗尔能够真的发现大爆炸辐射并没有抱以很高的希望。“我从未乐观，”他说，“热大爆炸仅仅是个很有意思很好玩的理论。我猜当时没指望他们能发现什么，并正思考零结果的意义。”

鸽笼里的望远镜

在皮布尔斯发展理论的同时，威尔金森和罗尔继续他们建造望远镜的工作以便寻找大爆炸火球冷却后的残余物。他们决定寻找波长 3 厘米的辐射。设备都是现成的，因为这是一个普通的雷达波段，称为“X 波段”。这个波长有着额外优势，因为这是空气中的水蒸气发光不太强的波段。而且，银河系周围有一层稀薄的气体晕，它掩盖了我们的大部分天空，但在这一波段这个气体晕的辐射也不是什么大问题。

威尔金森和罗尔从普林斯顿驱车 45 分钟，到宾夕法尼亚州的一个剩余军用物资商店中，以很便宜的价格就买到了大部分所需的部件，建造起了仪器。他们甚至还用上了真空管，当电子在其中跳跃时就会发光。“当时正是真空管时代的尾声，”威尔金森说，“晶体管还没有大行其道。不管是彼得还是我，对微波都一无所知。当然啦，迪克懂得很多。我们和他交流之后，跑出去在实验室里拼装起来，然后给他看我们所做成的东西。”

“从本质上说，他们所搭建的仪器和我第二次世界大战时在麻省理工学院做的是同一种仪器，”迪克说，“我给了他们建议，他们就去做焊接的工作。”

这两位天文学家把实验地点选在了普利斯顿的地质学楼古特大厅的楼顶上。“这对我们目标正好，因为这里除了几所塔楼之外，这个房顶都是平的。”威尔金森说。他们开始在一个废弃鸽笼的一块胶合板上组装天线。

仪器的核心部分是“天线”。天线仅仅是对于任何一种从天空收集射电信号的仪器的称呼。比如，电视也用到了天线，它从收集从电视信号发射台传来的射电波。其他天线的例子比如天文学家用来接收遥远的星系的微弱的射电信号的碗形圆盘。

当射电波冲进天线时，就会在天线金属结构里产生的微小电流。射电望远镜正是通过记录这些电流来测量射电波的强度。

收集微波最好的天线形状就是简单的金属漏斗，通常称为“号角”。威尔金森用四张铜片焊接在一起，建成了天线。它看上去就像一个正方形的喇叭，长 1.8 米。喇叭的开口约 0.1 平方米，天空来的微波从这个喇叭口进入，经过号角进入接收器，后面复杂的电子单元负责探测微波。所有的电视内部都有这一套接收器。威尔金森和罗尔的接收器还是利用发光的真空管来工作的。

对威尔金森和罗尔的工作来说，天线的设计是最关键的。天线都是设计用来接收从某个小区域范围的天空接收射电信号，而忽略其他地方的信号。比如，电视天线只接收它所指向的那个电视转播站的射电信号，而不考虑其他的台站。

不过尽管天线接收的绝大部分射电波是来自它所指的方向，但还是有其他方向的射电波会“漏”进来，因为它们像声波一样[①]，能够绕过各种拐角进入天线。在这里这个“拐角”就是“号角”的喇叭口的金属边缘。无关的射电波来自各种来源，比如地面、大气，甚至射电望远镜本身的各个部件。任何在绝对零度之上的物体都自然地会产生射电波，贡献射电波的就是电子，任何物质（包括冰）内部的电子都在不停地跳跃，跳跃的电子就会发射无线电波。事实上，物质温度越高，电子跳跃越快，它所发射的无线电波也就越强。

怎么能区分来自太空的信号与其他无关的信号，这是射电天文学家所面临的主要问题。

对于电视天线这不是什么大事，因为其他无关信号比电视转播站的信号都要弱得多。但威尔金森和罗尔想要测量的是宇宙中最冷的东西，因而来自附近的无关射电源的信号是非常令人烦恼的事情。

大爆炸辐射应该仅有几开，而实验站附近的其他一切东西都

---

① 也正因为声波能够绕过拐角，比如大楼的各种结构，我们才能够在看不见其他人的情况也能听到他们的声音。

要热得多，至少高几百开。[①]如果有来自这些物体的大量射电辐射进入天线，它将粗暴地完全淹没来自宇宙背景的微弱信号。

大爆炸辐射构成了宇宙中99.9%辐射成分，但地球所产生的热辐射要比微波波段的辐射强度高1亿倍。假如有一副“微波眼镜”，它足够灵敏，并排除其他波段背景光线的话，你就能看到整个天空是均匀而微弱的闪光，但地面及你周围的所有东西却都闪着白花花的强光。

所以威尔金森和罗尔面临着难以对付的任务，他们设计的天线必须在指向天空时，尽可能少让地面和其他热源的辐射进入天线。这个喇叭形的微波号角很好，但还不足够好。威尔金森和罗尔给天线添加了一个从上到下的金属屏障，围住了天线。这个“地障”使来自附近热源，特别是地面的辐射难以进入天线。

冷负载

不过，对于一个设计良好的天线，对于这个实验，还有一样东西绝对重要，这个特殊设备叫做“冷负载”。之所以需要它，是因为天线要测量的是宇宙中最冷的东西，以传统射电望远镜那样工作不可能完成这个目标。

那么，传统的射电望远镜是怎么工作的？简要地说，来自恒星或星系的射电波在望远镜的接收器上产生“静电杂音”，而不是像收音机调台时产生的嘶嘶声。不幸的是，其他大量物体也会在接收器上产生类似的静电杂音。比如来自地球大气层的射电波，甚至包括天线和接收器电路本身的金属电子碰撞所产生的静

---

① 室温比绝对零度要高约300开。

电杂音。

那么天文学家们怎么判断天文学目标的静电杂音和这些“干扰信号”？他们使用了一个简单的处理方法。首先，他们把天线指向感兴趣的恒星或遥远的星系，记下射电波的强度。然后再把天线指向附近一块背景天空，再次记下读数。在这两次测量中，那些由天线、接收器和大气所产生的干扰信号都存在且不变。所以只要把两次读数相减，剩下的就是来自恒星或星系的射电波强度了。这些静电杂音就这样被清除地干干净净。

当然，所有的射电天文学家们都会测量他们的恒星或星系比背景天空亮多少倍。不过实际上，背景天空几乎不发射射电波，所以基本无足轻重。

对于恒星或遥远星系这样只占据很小天空面积的目标来说，这种“有源/无源”技巧是一种实用而完美的工作方法，将天线指向目标旁边的背景天空也很容易。但威尔金森和罗尔所计划观测的射电源目标是覆盖整个天空的，大爆炸辐射就是天空背景，所以它没有“旁边”。

既然大爆炸辐射不可能与“天空背景”相对比，那么就得跟其他什么进行对比。威尔金森和罗尔意识到他们必须制造被称为“冷负载”的人工射电波源。从而也可以把天线指向天空测量射电波的读数，然后再把天线指向人工源，记下这一次的读数。两次读数相减，就能够知道天空比他们的人工源“热”多少。

只要知道人工源的温度，那么就能够精确知道大爆炸辐射的“温度”。用术语来说，人工射电波源能够帮助他们进行一次“绝对”的测量，获得观测目标的真实温度，而不是像与天空这样的射电波源进行简单对比。

理想情况下，人工射电波源的温度应该接近大爆炸辐射的预期温度，即在3～10开。威尔金森和罗尔因此决定用液氦来冷却他们的人工源，液氦的沸腾温度是4.2开（－269℃）。这是也是为什么人工射电波源被称为“冷负载”的原因，

如今液氦很常见，大量的实验都会用到它，但在1964年它还是一种很少见到的新材料。彼得·罗尔承担的设计和建造冷负载的任务。最重要的事情是要保证冷负载必须吸收落在它上面所有的电磁波，不存在任何反射。这是因为当天线指向冷负载的时候，它必须精确地表现为4.2开。但如果它能够反射射电波，金属天线发射的射电波会从冷负载上直接反射回到天线上。这样的话天线测到的就是冷负载和它自身的反射，导致罗尔和威尔金森高估它的温度。他们本应假定冷负载的温度是4.2开，毕竟它是温度参考值，但事实上它的温度可能会高，比如可能是6开。因为他们要把这个温度与大爆炸辐射对比，因此可能会低估大爆炸辐射的温度，要是这样，整个实验也就失败了。

所以这看起来有点庸人自扰，但实际上只要你试图测量这个宇宙中最冷的目标，任何一个可能的干扰源都必须考虑到，而且很明显，任何目标温度都更高一些。“你真的必须理解你的仪器的任何一个细节。”迪克说。

罗尔用一个镀银的X波段的“波导”使冷负载不会被反射，简单地说，这个波导就是一个截面为长方形的中空金属筒。它浸在一个装有液氮的真空烧瓶中。所以当天线“看”冷负载时，它“看到的”是一个精确为4.2开的射电波源。

威尔金森和罗尔设计的仪器能够在从对天空观测转换到对冷负载的观测，然后再回到对天空的观测，模式转换非常迅速。能

实现这种设计得力于一种名为“迪克开关”的装置——看来迪克实际上已经发明了微波天文学所需要的一切东西！

事实上，1946年正是迪克引入了“等效温度”来作为衡量射电源亮度的标准约定。所以当射电天文学家们把望远镜指向天空中的目标，说他们测到目标的温度，比如是100开，意思就是如果天线指向一个温度为100开的物体时，所记录下的信号是一样的。这种约定非常简便。威尔金森和罗尔预期这个宇宙背景辐射温度在5～10开。

世界上独一无二的望远镜

当威尔金森和罗尔在普林斯顿地质楼顶上忙碌的时候，在校园里走来走去的人们几乎无人意识到，他们头顶这个架在鸽子窝上的1.8米的喇叭，是用来寻找宇宙之初的火球的。“我们的实验在校园里并没有引起多少注意，”威尔金森承认，“但当时我们也没有告诉大家我们在做什么。”

时间一天天过去，甚至威尔金森和罗尔都觉得他们自己可能有那么一点儿疯狂了。“从最开始的时候，大家并不觉得值得在这上面花上好几年时间，”威尔金森说，“当时大多数人相信的是稳恒态理论，而不是大爆炸宇宙学。”但大多数时间里，威尔金森对他们的研究还是相当乐观的。“我觉得我们发现背景辐射的概率能达到50％。”他说。

威尔金森和罗尔正在组装的这台望远镜有两个独特之处：冷负载和经过仔细设计能够屏蔽来自地面的射电辐射波。世界上还没有其他仪器能够探测到微波背景辐射，至少这两位天文学家是这么想的。

第五章　来自4080兆赫的幽灵信号

——冰激凌蛋筒天线的问题

1946年夏天，戴维·威尔金森和彼得·罗尔即将做出划时代的大发现。但正当他们在普林斯顿地理楼上全身心投入，忙碌着组装射电天线，尝试用它测量宇宙温度的时候，在普林斯顿以东不到一小时车程的地方，另一架天线已经记录到了来自天空各个方向的、独特而有持久的射电静电噪声。

在位于新泽西州霍尔姆德尔的贝尔电话实验室，两位年轻的射电天文学家正深受困扰，这种神秘的嘶嘶声标志着他们生命中最为沮丧的一年开始了，在这一年里，比起观测宇宙来，他们注定要花更多的时间去清理天线上的鸟粪。

阿诺·彭齐亚斯（Arno Penzias）这年31岁，是个精明强干的纽约人，他是作为纳粹德国的难民来到美国的。罗伯特·威尔逊（Robert Wilson）28岁，沉默寡言，他从加州理工大学帕萨迪纳分校完成研究生学业后就搬到了美国东部。1963年这两个人搭伴研究一架不同寻常的射电天线，它是贝尔实验室在新泽西州北部的霍尔姆德尔分部建造的。

这架天线是为了卫星通讯而设计的，位于克劳福德山(Crawford Hill)上，这个长满树木的低矮的小山丘突兀地出现在新泽西州平坦到乏味的乡间。这架天线与常见的射电圆盘一点也不相像。它其实很难描述，有人曾说它像“厢车大小的山笛”，不过更准确的描述应该一个倾倒的巨大的冰激凌蛋筒。

在蛋筒锥形的一侧有了一个约 2 平方米的开口，就在应该装冰激凌的位置之下。这个开口收集来自天空的微波信号。信号通过这里进入灵敏的射电波接收器，接收器安装在呈锥形的逐渐缩小的底部上一个狭小的木制小房间中。人可以在这个小房间中工作，处理接收器的电子学器件，天线接收到的射电信号在图表记录纸上表现为一条红色线条。整个天线可以在两个独立的扇面上调整，所以这个 20 英尺的开口可以指向天空的任何方向。

太空中巨大的银沙滩球

尽管克劳福德山顶上的天线外表奇特，但它是一个标准的微波号角型天线。实际上它只是戴维·威尔金森在普林斯顿焊接起来的那个天线的放大版。贝尔实验室于 1960 年建它的目的是为了接收来自“回声 1 号”(Echo 1)卫星的射电信号，这颗卫星是一颗古董级的通讯卫星，也是今天使地球变成地球村的各类卫星之祖先。“回声 1 号”有点像一个直径 100 英尺的银色沙滩球。它高挂太空，在夜晚近距离看就像一个灿烂的人造月亮。

问题是，接收来自这样一颗小卫星上微弱的射电信号是很难对付的问题。贝尔实验室的工程师们不仅被迫研制出了一台超级灵敏的射电接收器，能够测量出仅仅几十分之一开的温度差异，而且还要设计一种特殊的天线。

他们面对的根本问题就在于发射这些射电信号的卫星，它在天空中看上去还没有针孔大，因而卫星发出的射电波将彻底被淹没，信号来自包括地面在内周围各种干扰射电波。所以贝尔实验室的工程师们必须得设计一种天线能够把除了来自卫星方向之外的所有射电波都挡在外面。巧合的是，这也恰恰是威尔金森和罗尔在搜寻火球辐射时所必须克服的问题。

在贝尔实验室，他们用冰激凌蛋筒的锥形设计解决了问题。霍尔姆德尔的这个天线指向天空信号源时，来自地面的射电信号几乎不可能折射进入到 20 英尺的开口里去。

“回声 1 号”后来被一颗更为精密的通讯卫星“电星”（Telstar）所替代，冰激凌锥形天线进行了调整以便能够发送和接受电星的微波信号。正是在电星项目期间，贝尔实验室想出了雇两位射电天文学家来用这个特殊的天线来做一些天文学工作的想法。贝尔公司的理由很充分，既然射电天文学家们也正在将探测射电波的技术推向极致，那么贝尔实验室也许能够从中受益。

完美的搭档

阿诺·彭齐亚斯在 1962 年被招进来。他是从纽约的哥伦比亚大学毕业直接过来的，在哥大他是查尔斯·汤斯（Charles Townes）的学生。汤斯是脉泽（也叫“微波激射”）的发明者，脉泽发明之后，同样的技术应用到了光学波段就是今天我们所熟悉的激光。[1] 一年后，贝尔实验室又招进了罗伯特·威尔逊，他

① 汤斯因为发明脉泽后来在 1964 年获得了诺贝尔奖。

在加州理工大学为约翰·博尔顿（John Bolton）工作，博尔顿是澳大利亚人，射电天文学的先驱者之一。

在加州理工做博士论文时，威尔逊认识了贝尔实验室一个名叫比尔·杰克斯（Bill Jakes）的人。杰克斯隔一段时间就会定期出现在加州理工大学，与射电天文学家们会谈，他询问有没有人对在霍尔姆德尔 20 英尺天线的工作感兴趣。威尔逊已经给贝尔实验室留下了良好的印象，因为他曾经跟贝尔实验室一些人在加州理工大学位于北加州的欧文斯峡谷射电天文台一起工作。贝尔实验室曾借给加州理工大学一些试验设备供射电望远镜之用，威尔逊曾协助安装。

在完成毕业论文之后不久，威尔逊就申请了 20 英尺号角天线的工作。“那时候我还不确定我是否想继续天文学工作，”他说，“但贝尔实验室的工作是一个继续进行天文学研究的机会，我也看到在这家公司还有其他很多正在做的事情很吸引我。”

威尔逊得到了这项工作，在 1963 年来到了贝尔实验室。他很快见到了阿诺·彭齐亚斯，他们决定联手。“阿诺和我是这里仅有的两个射电天文学家，所以我们组队是很自然的。”威尔逊说。

他们注定将成为完美的搭档。这两位射电天文学家不仅具有互补的技术能力，而且他们的个性也彼此互补。威尔逊喜爱安静且小心谨慎，彭齐亚斯性情直爽、心直口快。虽然表面上他们的个性一点儿也不一样，但他们有个共同的重要性格，使他们能长期合作并保证了最终的成功，那就是在进行科学工作时，两人都一丝不苟，精心细致。

银河系晕

尽管阿诺·彭齐亚斯已经在贝尔实验室一年了，但他还没能接触到 20 英尺号角，因为它还在为电星服务。不过在他和威尔逊结对之后不久一切都改变了。“电星的人同意我们可以用它做一些天文学研究。”威尔逊说。

彭齐亚斯和威尔逊立即着手对天线进行调整，进行天文学工作。“20 英尺天线很特殊，”威尔逊说，“它几乎不产生不相关的射电信号，这就有可能精确地确定这些信号有多强，它们究竟来自何方。”

这使得这架天线很便于进行“绝对测量”，也就是说，测量一个发射源射电波段的真实亮度，而不仅仅是把它与天空背景进行比较。当然，要是彭齐亚斯和威尔逊为了这个目的进行开发，他们还需要一个人工射电波源与天文学射电源进行比较。

正是由于这个原因，彭齐亚斯制造了一个冷负载。他制造的这个设备与彼得·罗尔在近在咫尺的普林斯顿制造的那个非常相似。这两台设备都用到了一支波导管，都用液氦冷却到了 4.2 开。贝尔实验室设计的一个关键元件是一个能够允许天空温度和冷负载温度进行快速对比的转换开关。

1964 年，可能比较公允地说，当时世界上仅有两个液氦冷负载。它们是由两组天文学家各自独立制造出来的，他们仅相距 50 公里，并且彼此毫不知情。

现在有了冷负载，霍尔姆德尔天线非常理想地适合接收来自天空的微弱的背景信号了。这也正是彭齐亚斯和威尔逊想用它做的事情。

在加州理工跟着约翰·博尔顿做毕业论文时，威尔逊已经做了一张射电波段的银河系地图。他曾怀疑在银河系的恒星盘周围是一个巨大的气体晕，在射电波段微弱发光，但他那时不能证明这一点。因为当时他做图的标准技术就是把银河系的亮度与天空背景做对比，因此这种技术无法测量银河系暗淡发光晕，实际上它也就是天空背景。

20 英尺号角足以测量来自微弱的天空背景的射电信号，因此是测量来自银河系晕（简称银晕）的微弱辐射的理想设备。彭齐亚斯和威尔逊决定测一下 21 厘米波。如果银晕确实在发光，那就是以 21 厘米波的形式，这是因为它是由中性氢气体产生的，在这个波长上产生非常清晰又独特射电“签名”。

但这两位射电天文学家知道在 21 厘米波寻找银晕会非常艰难。这个银晕会非常暗淡，在他们的天线上记录下来的温度不会大于 1 开。其他那些来自天线本身、接收器和大气的无关信号将会大得多。所以彭齐亚斯和威尔逊很清楚，在试图测量银晕之前他们需要认真弄清楚他们自己的仪器，并且知道所有的无关信号从何而来，它们的强度究竟是多少。

4080 兆赫处的幽灵信号

电星的人已经把 20 英尺号角的接收器设置为波长 7.35 厘米，也就是 4080 兆赫。彭齐亚斯和威尔逊因此决定利用一下，尽量完全弄清楚在这个波段上他们这台设备表现如何，然后再费力去制造另一台对 21 厘米波敏感的接收器。

当时认为在 7.35 厘米波观测天空应该是一个特别简单的实验，只是证明他们具有测量这个温度的能力，因为在这个波长上银晕应该是实际不可见的。所以当天线向天空打开时，所有的无关静电源都能够解释其来源，20 英尺天线应该只记录到来自天线本身的信号，它应该几乎为零。所以如果彭齐亚斯和威尔逊把他们的天线指向天空，除去可解释信号之后没有剩余，那么一切都很好。

1964 年 6 月彭齐亚斯和威尔逊做了这项工作。他们满以为会测量到零度的天空温度。但他们立即发现情况非常不妙。号角天线产生的射电静电信号比他们预期的要多。即使他们已经考虑了每一种无关的射电波源，已经记录到了一种信号。它恰好相当于 3.5 开的物体所产生的辐射。

“当我们做这个测量时，阿诺的第一个反应时，‘哦，我做了一个良好的冷负载。’”威尔逊说。要是冷负载把任何射电波反射进了天线，那么它就会比 4.2 开更热，从而毁了彭齐亚斯和威尔逊和计算工作。

在冷负载良好运行方面对自己表示了满意之后，这两位天文学家想知道他们是否接收了来自北新泽西城市环境中的人工信号。“进行射电天文学研究最好的地点是能屏蔽所有射电干扰的完全孤立的峡谷，”威尔逊说，“但霍尔姆德尔天线是建在一座小山顶上，这样能被天上的通讯卫星完全覆盖。”

要是这种反常信号是人工的，那么最明显的来源是以北 50 公里的纽约城。但当彭齐亚斯和威尔逊把天线指向纽约城方向时，图表记录仪上的信号并没有猛增。实际上，无论他们把天线指向地平线之上任何方向，4080 兆赫的幽灵信号总是保持不变。

顽固存在的问题

其实，彭齐亚斯和威尔逊并不是第一批碰到这种奇怪的多余信号问题的人。早在 1961 年，在 20 英尺号角工作的工程师埃德·奥姆（Ed Ohm）就已经注意到了这台仪器指向天空时，所记录到的静电总是比预期要多。用号角接收来自回声卫星发射来的信号时，奥姆把所有无关射电源算了个总和，他发现天线总是接收到某种比他算出来的多 3 开的东西。

奥姆并没有对这个多余温度关注太多，因为他计算的贡献总和中的不确定量要远大于 3 开。没有冷负载就不可能确定这多余的静电是从何而来。不过尽管如此，奥姆还是把这个结果发表在了《贝尔系统技术杂志》上。

彭齐亚斯和威尔逊好奇是否他们的放大器电路产生了这个多余信号。放大器是任何一个射电接收器的必备组件。之所以必需，是因为射电波在天线中产生的电流实在太小了，实用的检测器通常记录不了这样小的电流。所以电流必须经过放大器用电子装置进行放大，才输入到检测器中。

这两位天文学家对天线指向和未指向冷负载时产生的信号进行了对比。因为放大器电路所产生的信号在两种情形下应该是一样的，它能够简单地抵消。剩下的就是来自霍尔姆德尔天线独自的信号。他们知道这其中包括各种因素的贡献，比如天线的金属结构、地球大气层，以及恰好位于天线所指方向的任何天文射电波源。

来自大气层的静电很容易被识别并除去，因为它的特征与众不同：这种嘶嘶声在天线指向地平线时是最强的，在这个方向上大气层最厚，而指向正上方时最微弱，这个方向的大气层最薄。

当然，未知的射电信号可能是真实存在的。但这看起来太荒谬了不值得考虑。首先，它不可能来自太阳或者银河系，因为这两者都不可能覆盖整个天空，而且这个信号是全天一致的。其他唯一的可能性是这种信号来自宇宙整体。但天文学家们清楚没有任何天文源都能够产生这么稳定的射电信号。显然，这肯定是天线里的一个缺陷导致它产生了比彭齐亚斯和威尔逊设想中更多静电。他们有信心这架天线几乎不产生静电。最初正是霍尔姆德尔的这台仪器的这个特性给了他们信心，认为它是唯一适合进行银晕测量这个艰难的课题。但彭齐亚斯和威尔逊所具有的性格就是小心谨慎。他们决定仔细研究一下这架天线。

心力交瘁

他们凝视的目光落到了在冰淇淋锥形天线深处做窝的一对鸽子身上，鸽子窝所在正是天线接入小木屋的地方。“这里很舒适惬意，因为天线的末端正位于我们被加热的控制室上面。”威尔逊说。

这里虽然很温暖，但建个巢还很困难。每过几天，彭齐亚斯和威尔逊都要转动几下，把鸽子们弄得头朝下颠倒过去。

鸽子们在这个巨大的冰淇淋圆锥上留下了它们所独有的记号。对彭齐亚斯这位沉浸其中的射电工程师来说，这是一种“白色的导电物质”，但对其他任何人来说，那只是鸽子粪。“直到这时，我们都一直很高兴地带着这种物质在进行操作，”威尔逊说，“在那里这种物质堆积得不多，因为当我们把天线翻转过来时，任何松动的东西都会掉下来。”

那么可能是这些“镀”在天线内部的鸽子排泄物导致了神秘的静电吗？既然温度高于绝对零度的任何物体都会发射射电波，鸽子排泄物当然也在微波波段发光。到这个时候，彭齐亚斯和威尔逊已经绝望到考虑任何可能性了。

他们决定驱逐这对鸽子。但这也被证明不是件简单的任务。从当地一家五金店他们买了一个“爱心陷阱”诱捕笼，拿掉接收器的几个器件之后，他们把笼子放在天线底端。“爱心陷阱”诱捕笼是一个金属丝网圆柱体，两端各有一个可拆卸的门。你把食物放在圆柱中央一个食物托盘上，理论上当动物走进去扰动食物托盘时两个门就被触动掉下来。诱捕很成功。“我记得我们第一天捉到了一只鸽子，第二天又捉到一只。”威尔逊说。

他们把这对鸽子装到一只盒子里，邮寄到了惠帕尼（Whippany），贝尔实验室在新泽西州的另一处实验室，在霍尔姆德尔西北 64 千米处。“我们把它们送到那里，因为这是用公司邮件所能送到的最远地方了。”威尔逊说。在惠帕尼，有人已经同意接收这对鸽子，给它们松绑。

把鸽子送走之后，彭齐亚斯和威尔逊就着手去除鸽子粪了。他们带着扫帚爬进了号角天线黑暗的内部。“这不是什么辛苦的工作，”威尔逊说，“清扫了一小时后，我们就清除了所有的鸽子粪。”

彭齐亚斯和威尔逊认为他们不会再见到这对鸽子了，但他们错了。“两天后，鸽子们就回到了天线里，”威尔逊说，“这回我们决定不再给它们机会了。在机械车间有个人是鸽子迷，他告诉我们这些鸽子是垃圾品种，我们不必为它们操心。有一天他带着霰弹枪过来，把它们送上了西天。”

“最奇怪的是，”威尔逊说，“除了这一对之外，再也没有鸽子来 20 英尺号角上做窝。”

鸽子们安息之后，彭齐亚斯和威尔逊彻底清理了天线内部。

天线是用铝板做的，用铆钉把铝板铆合做了梁。考虑到这些铆钉可能会引起假信号，他们用铝片覆盖了铆钉。他们甚至也同检验了铝片背后的黏合剂所产生微不足道的射电信号。现在，可以肯定，他们已经想到了一切因素。经过这么久之后他们终于能做点儿射电天文学工作了。

彭齐亚斯和威尔逊把 20 英尺天线指向了天空，注视着他们图表记录仪上的读数。让他们沮丧的是，他们看到假静电杂音仅仅略微降了一点点。它并没有消失。号角依然记录到了那种未知的 3.5 开辐射。

到目前为止，这种多余的信号已经存在了大约 1 年了。就彭齐亚斯和威尔逊所能判断出来的是，这种辐射是来自各个方向，并且不随季节变化。他们也能够排除另外两种射电源。它不可能位于太阳系之内，因为随着地球绕太阳转动，这类源将会在天空中发生运动。它也不可能是由核辐射造成的。1962 年一次高空核试验将电离粒子注入了地球高空的范艾伦辐射带，这次爆炸后的一年里来自这里的任何辐射都应该显著降低。

彭齐亚斯和威尔逊哑口无言，不知道该怎么进行解释。这个微小但总是存在的效应已经破坏了他们观测银晕的计划。但就当他们束手无策时，彭齐亚斯碰巧打了个电话……

第六章　两次电话的故事

——火球辐射是怎么被发现的

公平地说，20 世纪最伟大的科学发现之一是通过讲电话发现的。事实上，不是一次，而是两次电话。

1965 年 4 月，阿诺·彭齐亚斯给伯尼·伯克（Bernie Burke）打了个电话，后者是一位美国射电天文学家，在华盛顿特区卡耐基学院的地磁系任教。彭齐亚斯打电话来本不是为了 20 英尺天线的问题，而是为了另外一件事，总而言之，要是伯克没有顺便问一句克劳福德山上的实验怎么样了，他绝不会提起那气人的静电干扰问题。可伯克这么一问，彭齐亚斯立刻开始长篇大论地抱怨那让人生气的去不掉的信号，想跟踪它的来源失败又是多么令人沮丧。

伯克大吃一惊。他的一位同事肯·特纳（Ken Turner）曾告诉他在普林斯顿正在进行一项寻找这种信号的研究。难道彭齐亚斯和威尔逊已经找到的就是这个？

他努力回忆特纳告诉他的话。特纳在前一个月曾参加过吉姆·皮布尔斯主讲的一个讲座，他们在普林斯顿读研究生时就是朋友（特纳的导师不是别人，正是鲍勃·迪克）。皮布尔斯的讲座是美国物理学会在纽约哥伦比亚大学举办的一次会议上。至于伯克所能回忆起的特纳讲述的内容，那是关于火球辐射是热大爆炸一个不可避免的结果。皮布尔斯认为如果宇宙中的氦真的是在大爆炸中产生的，那么今天的宇宙应该充满了微波，其温度低于10开。这种黯淡的创世余辉用现有技术是可以探测到的。事实上，普林斯顿的迪克研究组已经着手寻找它了。

伯克立即提醒彭齐亚斯这种异常信号也许是大爆炸残余闪光的可能性。这在彭齐亚斯听来真是美如仙乐。当时他已经绝望地渴求找到对这3.5开额外温度的一种解释——任何解释都行。他立即拿起电话找迪克。

“噢，小伙子们，我们被人抢先了!”

当迪克在普林斯顿的办公室电话铃响起时，他并不是一个人在。在他办公桌呈圆形围坐一圈，啜着咖啡吃着三明治的，是他的三个学生——威尔金森、罗尔和皮布尔斯。“过去我们每个星期都边吃这些牛皮纸包的午餐边交流我们的实验进展，讨论下一步我们应该怎么做，”皮布尔斯说，“就在这样的一次聚会中，阿诺打电话来了。”

迪克的电话交流几乎是单方面的。他主要是在听，时不时地点点头还重复着办公室其他人都熟悉的名词。在听到迪克嘀咕着“号角式天线”时，威尔金森的耳朵竖了起来。

皮布尔斯回忆起这次对话还历历在目。“我回想起它牵涉到鸽子粪这类神秘的东西。”他说。

普林斯顿研究组没有人认识阿诺·彭齐亚斯或者罗伯特·威

尔逊，但这个组都很熟悉贝尔实验室在霍尔姆德尔为“回声”计划建造的20英尺天线。罗尔和威尔金森在开始实验之前反复查阅微波杂志时已经了解了它。“我们非常清楚贝尔实验室拥有最好的天线。”威尔金森说。

罗尔和威尔金森曾无意中发现了埃德·奥姆在《贝尔系统技术期刊》上的几篇文章，并仔细地阅读了它们。他们的结论是，这些文章清楚地表明20英尺天线接收到了来自整个天空的某种特殊的东西。但奥姆没有冷负载。没有它，就无法判断奥姆是否真的看到了宇宙背景辐射，还仅仅是来自另一种地面源的假射电信号。

迪克拿着电话，继续重复着熟悉的微波名词。然后他突然说到了“冷负载”。

“我们一听到这个词，就知道游戏结束了。”威尔金森如是说。

过了一会儿，迪克挂了电话。他转过身来面对着皮布尔斯、罗尔和威尔金森。“噢，小伙子们，”他说，“我们被人抢先了。”

两位一流的天文学家

第二天，迪克、罗尔和威尔金森驱车30英里去看贝尔实验室的仪器。彭齐亚斯和威尔逊在克劳福德山迎接他们。

虽然两组天文学家们从未见面，但彭齐亚斯和威尔逊知道鲍勃·迪克的名字。“我非常敬畏他，”威尔逊说，“他是微波研究领域的老前辈。”

相互介绍一完毕，彭齐亚斯和威尔逊就领着参观者去了20英尺天线，向他们展示这台设备。“我记得他们并不是特别好奇。”威尔逊说。

如果说他们不太好奇的话，这是因为大部分相关的问题迪克已经在昨天的电话里问过了。“在我们前往贝尔实验室之前，我们已经相当确定他们已经发现了大爆炸辐射，”威尔金森说，“要知道，只要你有合适的设备，寻找它的实验是一个相当简单的工作。大约有六七件事你必须做对，之后背景温度就会自动跳出来。”

迪克研究组问的问题很少的另一个原因是，他们已经知道了大部分问题的答案。贝尔实验室的设备显然与罗尔和威尔金森在普林斯顿那边建造的设备极为相似。特别是，彭齐亚斯的冷负载与彼得·罗尔设计的几乎一模一样。“这些相似之处意味着我们很快就明白了。”威尔金森如是说。

迪克研究组很快就确信彭齐亚斯和威尔逊是第一流的射电天文学家。“他们给我的印象确实深刻，在一个对他们的工作来说并非中心的问题上，他们竟能坚持那么久。”威尔金森说，“他们想真正弄懂这个问题。他们已经为之奋斗了一年，为之寝食不安，从未轻易放弃。他们以巨大的耐心排除对这个奇怪信号的许多看似更明显的解释。”

普林斯顿研究组最担心的是，那些来自地面的无关射电波可能以某种方式进入到霍尔姆德尔 20 英尺天线中。“把号角与地面之间遮蔽起来是不可能的，因为这是个大家伙。”威尔金森说。但彭齐亚斯和威尔逊使客人们确信，当霍尔姆德尔天线指向天空时，几乎没有地面辐射能够折射进入到这架冰淇淋锥形天线的 20 英尺开口上。

威尔金森等人仔细检查了彭齐亚斯和威尔逊的数据——在图

形记录仪上抖动的红线。目前，他们对所见到的一切都很满意。“彭齐亚斯和威尔逊在一个本不应该有任何信号的波长上看到了这些，所以我们确信他们一定是看到了宇宙背景。”威尔逊说。

他们所测量到的结果很小——不过几开。世界上其他任何仪器都会忽视它，但霍尔姆德尔天线是专门适合从较强的射电源中辨别出微弱的背景信号的。图形记录仪上是来自最早时间的神秘信息。

来自时间开端的信息

如果他们是对的，那它将是自 1929 年埃德温·哈勃发现宇宙膨胀以来宇宙学领域最为重要的发现。在宇宙的每一个角落都充满了一种微弱的辐射，它是宇宙诞生时剧烈火球的“余辉”。在霍尔姆德尔天线拦截它之前，这些辐射已经在空虚的太空中穿行了不可思议的 137 亿年。彭齐亚斯和威尔逊无意中发现了最古老的创世“化石”，其中携带了创世事件之后不久宇宙本身的印记。

宇宙背景辐射的温度就是宇宙本身所有具有的温度，由于宇宙经历了巨大的膨胀，所以温度已经大大降低。当辐射摆脱了物质之时，宇宙的温度约为 3000 开①。但在它飞入太空到达我们这里这段时间，宇宙大小已经膨胀了约 1000 倍，也以同样比例降低了辐射的温度，所以今天看上去仅有大约 3 开而已。

宇宙今天的温度是大约 3 开。尽管恒星温度非常高，数量也非常多，但它们的温度被所有的空间平均之后，它们对宇宙温度

---

① 温度降到约 3000 开也标志另一个重大事件：辐射，也就是光子的能量密度降到物质密度之下。从此物质以及作用于物质的引力主宰了宇宙。

的贡献与火球辐射相比就完全可以忽略了。

宇宙背景辐射产生的时候，宇宙第一次冷却到能够使原子能够形成。这时候是大爆炸之后约 38 万年，快速冷却的火球突然变得透明了。在火球“迷雾”中一直被粒子撞来撞去的光子突然能够自由移动了。自此之后，光子就一直自由穿行，并随着宇宙尺度的增长而不断地损失能量。

宇宙背景辐射直到大爆炸 137 亿年之后的今天才到达地球这件事看起来挺奇怪的。毕竟在某种意义上说，我们也在大爆炸现场（至少那些有朝一日凝聚成地球的物质粒子在），火球辐射当时就在我们周围。那它不应早就扬长而去了吗？

嗯，在大爆炸时我们的近邻物质所发射的辐射早已经过我们了。暂时忘记自大爆炸以来宇宙已经膨胀了很多，那么说离我们 137 亿光年远处发射的辐射在今天就正好在经过我们周围[①]。另一方面，离我们 90 亿光年远处发射的辐射在大爆炸后 90 亿年时已经路过我们了——当然太阳和地球约 46 亿年前形成的时候也是一样。

宇宙的膨胀使事情变得略复杂了一点儿，因为当这些现在到达地球的大爆炸辐射光子与物质脱离时，宇宙才只有目前大小的约千分之一。因此光子花了 137 亿年才跨越了最初只有 13.7 亿光年的空间距离。这就好像当你努力进行百米冲刺时，跑道却在你跑的时候延长了 1000 倍！

彭齐亚斯和威尔逊探测到宇宙背景辐射意味着大爆炸宇宙学是成功的。如果说马丁·赖尔在剑桥大学关于射电星系的工作已

---

① 1 光年是指光行走一年的距离。

经让稳恒态理论摇摇欲坠，那么创世余辉的发现又给了它致命的一记重拳。

这也是霍尔姆德尔的贝尔实验室科学家在历史上第二次意外地作出伟大的科学发现了。早在 1931 年，贝尔实验室一位名叫卡尔·央斯基（Carl Jansky）的 26 岁的物理学家，在寻找射电干涉的潜在射电源时，探测到了似乎来银河系的微弱射电波，从而建立了射电天文学。

许多神奇发现中的第一个

按理说，迪克的研究小组被人抢先了，应该会很不舒服。但即使他们这么想了，威尔逊也没有这种印象。“我不记得他们表现出来泄气的样子，”他说，“根本没有这种强烈的感觉。”

“那时候，被人抢先这事没让我觉得心烦，”威尔金森说，“我和彼得为了实验顺利太忙了，没空心烦。而且那时候我还年轻，我觉得在我的职业生涯中，这仅仅是即将发生的一系列神奇的事情之一。不过，当然，类似的发现大约仅过 10 年才会出现一次。”

讽刺的是，尽管威尔金森和罗尔事实上也认识到世界上仅有 20 英尺天线才能探测到火球辐射，但他们却从来没有想过问问贝尔实验室他们能否借用。“要是他们来问问，我相信贝尔实验室就会允许他们用，”威尔逊说，“阿诺和我就得站到一边，做旁观者了。”

皮布尔斯记得迪克等人从贝尔实验室回来，说他们对所见到的一切如何震撼。“我记得他们没有为这个发现觉得特别兴奋，也没有因为这并不是普林斯顿作出的发现而特别沮丧。”他说，

“要知道，当时还不能说这一定就是来自大爆炸的辐射，它还有可能被证明为某种很普通的东西。”

“我们终于能做点真正的科学了”

彭齐亚斯和威尔逊对他们发现的神秘信号来自宇宙起源的解释接受得相当慢。“他们花了太多时间来考虑那些普通的解释了，比如说鸽子粪。”皮布尔斯说，“我想因此他们花了一些时间之后才意识到他们实际上做出了一个多么伟大的发现。”

实际上，至少一年后这两位天文学家才承认了他们这些莫名的信号是来自宇宙大爆炸。“我们知道我们做的测量肯定能站住脚，”威尔逊说，“但我们不确定宇宙学能不能一直成立。”

威尔逊被另一个原因拖住了脚步。“我更喜欢稳恒态理论。”他说。可是他在无意之中，帮忙毁掉了稳恒态理论。

不过，虽然彭齐亚斯和威尔逊对大爆炸理论还有点儿怀疑，但两位天文学家确实都很高兴终于找到了解释，这个问题已经困扰他们太久了。“当我们出现的时候，他们正面对各种解释全然不知所措，”皮布尔斯说，“他们正感觉找不到任何出路。”

“他们拼命地想用天线做射电天文学的工作。”威尔金森说。

这些说法显然可以从彭齐亚斯当时对普林斯顿解释的反应得到证实。根据皮布尔斯的回忆，他们在跟彭齐亚斯通电话的时候，较早的时候彭齐亚斯是这么说的：“哦，这真让我们轻松了很多，我们终于弄清楚这个问题。现在我们可以放下它去做点儿真正的科学研究了！”但如此重大的科学结果是不会那么轻易被忘记了。

宇宙学领域在 20 世纪所出现的这几个重大发现都是很惊人

的。宇宙膨胀和火球辐射这两个发现都是由科学家们在完全不知道早在许多年前就已经在科学文献中出现了预言的情况下做出的。这会让你好奇，科学家们究竟是否会阅读科学文献吗?

全世界都知道这个发现了

普林斯顿和贝尔实验室两个研究小组决定在《天体物理学杂志快报》（Astrophysical Journal Letters，ApJL）上并列发表两篇科学文章来宣布这个发现。在文章即将付印前两周，威尔逊终于开始认识到他和彭齐亚斯做出的是何等重要的发现了。克劳福德山上的电话响起来了，在电话线另一头是瓦尔特·沙利文(Walter Sullivan)，《纽约时报》的科学记者。

沙利文碰巧因为另外一件事打了个电话给《天体物理学杂志》办公室。“由于某种未知原因，他们把我们的文章透露给了他。”威尔逊说。沙利文已经“盘问”了彭齐亚斯关于20英尺天线的事情。

电话打来的时候，威尔逊的父亲正好从德克萨斯州来看他。父亲习惯早起，第二天父亲起得比威尔逊早得多，走着去了一趟当地的杂货店，回来时带回来了一份《纽约时报》，扔在了睡眼惺忪的儿子跟前。在封面上是20英尺号角的照片，并配有《天体物理学杂志快报》的说明。“第一次，我切实感到全世界正认真对待这件事。”威尔逊说。

乔治·伽莫夫这时候已经退休在家，读到了《纽约时报》发表的故事。让他沮丧的是，他没有见到文章里提到他的名字，也没有拉尔夫·阿尔弗和罗伯特·赫尔曼的名字。公平地说，他正抱着强烈的兴趣等待科学论文出版。

文章按时出版了。彭齐亚斯和威尔逊的文章标题什么都没有表示，《4080 兆赫处额外天线温度的测量》。很少有如此重要的科学发现被伪装到这种程度。

在文章中，贝尔实验室这两位天文学家写道：“在新泽西州霍尔姆德尔的克劳福德山实验室，用 20 英尺号角反射器天线测量天空噪声等效温度，在 4080 兆赫处产生了比预期值高了 3.5 开的结果。”

这基本上就是彭齐亚斯和威尔逊所表述的全部内容。在他们的短文中没有一处提及他们所接收到的辐射是直接来自于一次热大爆炸。他们仅仅注解说：“对于观测到的额外噪声温度的一种可能解释见迪克、皮布尔斯、罗尔和威尔金森在本期的另一篇文章。”

“我想他们当时过于谨慎了，”威尔金森说。“他们的文章用这种方式来写，表示他们发现的可能是任何东西。”迪克说。

“相反，我们小组的文章却担了很大的风险，”威尔金森说，“在我们的文章中，我们把这唯一一次的微波测量结果解释为宇宙大爆炸辐射存在的证据。”

“实际上，直到我们告诉彭齐亚斯和威尔逊我们正在写论文的时候，他们还根本没有准备写。”迪克说。

威尔逊说，他和彭齐亚斯没有写到宇宙大爆炸背景辐射起源的原因，是他们并没有介入到这项工作中。“我们也觉得我们的测量是独立于这个理论的，可能比理论存在的时间要长。”他说。

“我们很高兴，在我们的天线里出现的神秘噪声终于有了某种形式的解释，特别是还跟宇宙学意义相关。但我们的心情当时还是暂时保持某种谨慎乐观的态度。”

伽莫夫的争论

这两篇科学论文一出版，伽莫夫就直奔图书馆。他快速浏览了这两篇文章，变得越发生气了。论文里没有一处提到他在20世纪40年代所作出的破天荒的贡献。伽莫夫、阿尔弗、赫尔曼不仅仅在《物理评论》上发表过一系列的技术论文，阐述了他们关于热大爆炸的计算结果，而且还写过很多关于他们工作的大众性评论文章。比如，1952年伽莫夫出版了一本给普通读者的书《宇宙的创生》，其中谈到了热大爆炸时氦元素是怎么被"烹调"出来的，以及它与宇宙温度的关系。4年后，伽莫夫又在科普杂志《科学美国人》的一篇文章中介绍了他的思想。

但所有这些评述，迪克的普林斯顿研究小组都没见到。"我们绝对不了解伽莫夫的工作，"威尔金森说，"在吉姆·皮布尔斯和我调研科学文献，了解前人做过什么工作时，我们只阅读了微波领域的期刊，所以我们从未见到伽莫夫的任何材料。"

造成这种状况的原因之一是，在彭齐亚斯和威尔逊发现宇宙背景辐射之前，宇宙学还并不是一个非常明确研究领域。"当时还没有宇宙学期刊，"威尔金森说，"宇宙学的论文散落地发表在各类杂志上，而且总量也没有多少。我现在还会找到一些关于宇宙背景辐射的文章，此前从不知道它们的存在。"

但是，尽管很容易理解威尔逊和皮布尔斯错过了伽莫夫的工作，却很难解释为什么迪克也会错过它。好几年前他确实曾参加过伽莫夫在普林斯顿做过的一次关于热大爆炸中元素形成的讲座。"伽莫夫谈到了从一堆冷中子在宇宙大爆炸时突然爆发的宇宙模型，"他说，"但这就是我所能回忆起来他讲的全部内容了。”

而且，迪克和伽莫夫之间的联系可不止这点儿。事实表明，20 世纪 40 年代发表乔治·伽莫夫关于热大爆炸论文的那一期《物理学评论》也发表了迪克的一篇文章。这看起来似乎不是特别巧合的事，但就在这篇文章中，迪克还有口无心地写了一句评论，说到了宇宙中存在微波背景的可能性。

健忘症的袭击

作为战争时期雷达工作的一部分，迪克和同事曾经去过佛罗里达测量来自潮湿大气层水蒸气的射电波。顺便插一句，他曾经好奇是否天空中的微波存在均匀发光现象。如果这种均匀发光是存在的，它就必然来自宇宙整体，因为像行星或银河系这类临近的源都只占据了一小部分天空。

迪克总结道，不存在他能够测量的这类天空发光。事实上，他在《物理学评论》的论文中对此作了更为精确的论述，阐明任何“来自宇宙物质的辐射”必然不大于 20 开。①

迪克曾经第一个尝试测量宇宙辐射背景。但讽刺的是，他完全忘记了这件事，其他人也都一样。“只不过是在我们浏览微波文献时，吉姆偶然间发现了它。”威尔金森说。在宇宙背景领域，人们不仅仅经常忽视彼此的工作，他们有时甚至忽视了他们自己过去的工作。

但是这样的遗忘实在令伽莫夫、阿尔弗和赫尔曼感到伤心。可讽刺的是，所有人都根本不曾想过让伽莫夫烦恼。他在某种意

---

① 迪克在 20 世纪 40 年代使用的技术无法探测到 3 开这样寒冷的均匀背景。

义上是普林斯顿和贝尔实验室这些年轻的射电天文学家们的偶像。

“伽莫夫是我心目中的英雄之一，”威尔金森说，“我在高中时读了他所有的科普书。他可能是我最初选择进入科学领域的原因。”威尔金森并不是唯一的一个，罗伯特·威尔逊也是读了伽莫夫的科普书才投身科学的。

他们所有人都承认伽莫夫是20世纪最具有直觉也最具有创造力的科学家之一。“他具有在最复杂的物理学中找出本质因素的能力，”皮布尔斯说，“在处理大爆炸和火球辐射的问题上，他正是运用了这种能力。”

因为没有给予伽莫夫研究小组应有的荣誉，皮布尔斯和其他人都觉得很愧疚。“我们其实没有做好‘家庭作业’，”他说，“我们应该调研那些文献，找到所有可能与此相关的线索。实际上，过了一两年我们才做这些工作。”未能立即纠正错误注定令伽莫夫、阿尔弗和赫尔曼对于他们所受到的对待感到痛苦。

“我曾经尽我所能把伽莫夫尽可能多地加入到整个故事中。”威尔金森说。就在1965年春天那些重大事件之后，他和皮布尔斯决定为《今日物理》杂志写一篇关于这次发现的文章。在动笔之前，他们回去又阅读了伽莫夫、阿尔弗和赫尔曼的论文。但这篇文章只进行到草稿阶段。“阿尔弗和赫尔曼与我们的观点有差异，”威尔金森说，“他们给我们写了一封措辞相当激烈的信。所以最后我们撤销了这篇文章，从未发表过。”

如果普林斯顿研究小组有人一开始曾给伽莫夫打过电话，询问他们的研究小组究竟完成了哪些工作，那么所有的误解都将可以避免。

阿诺·彭齐亚斯曾尽全力想改善与伽莫夫的关系，但由于后者情绪过于激动而作罢“我觉得伽莫夫从未真的原谅迪克和他的小组，”威尔逊说，“对于我们来说，我不了解他确切的感受。”

伽莫夫一直都感到伤心，直到在 1968 年去世，这是离证实他曾经领先开拓的热大爆炸仅有 3 年了。“阿尔弗和赫尔曼也没有能够完全对此感到释怀。”威尔逊说。

双重不公

阿尔弗和赫尔曼可能是有道理的，因为他们遭受到了双重不公。最初，无论是他们还是伽莫夫都没有得到在热大爆炸工作方面的荣誉。但后来，当然人们承认这份荣誉时，他们经常引述说伽莫夫独自预言了宇宙背景辐射。这是相当令人恼火的，因为这实际上是曾经被伽莫夫所忽略的原初火球的一个结果，1948 年是阿尔弗和赫尔曼他们自己发表在《自然》杂志上的。

这个意见也没有得到伽莫夫本人的帮助，他在获得了应得的荣誉之后变得相当漫不经心，而且他在后来的几篇科学论文中在讨论火球辐射时也没有提及阿尔弗和赫尔曼。所以当阿尔弗和赫尔曼伤心于有人错误地把他们的工作归功于伽莫夫时，伽莫夫本人往往是有过错的一方，因为是他最初在科学文献中播下了混淆的种子。

阿尔弗和赫尔曼对于为什么他们会被天体物理学家们忽略进行了很多猜测。他们认为这与他们是行外人有关。他们两人的科学生涯相当一部分是在工业界度过的。阿尔弗 1955 年到 1986 年在通用电气公司工作，而赫尔曼从 1956～1979 年一直在通用汽车工作。这些年也正好是宇宙学发展到成为独立学科的年代，首次引起了一般公众的注意。

无论被忽视的理由是什么，如今的历史书中已经给予了阿尔弗和赫尔曼应有的地位。伤痛看来终于痊愈了。“这些年来他们甚至会来到宇宙学会议上来谈谈这些事儿。”威尔逊说。

第七章　创世余辉

——为什么没有人早点儿发现火球辐射？

宇宙微波背景辐射之发现提供了一个关于科学是如何进展的绝好的例子。虽然教科书的作者们（通常也是科学家本人）希望我们相信科学进步是一系列的逻辑步骤，发生得冷静且平静，循序渐进，这回显然不是如此。这项科学进步非但远没有什么次序，更像一个醉汉，踉踉跄跄进三步就要退两步，而且步子还歪歪斜斜。让我们再回顾一下火球辐射是如何被发现的故事。

在 20 世纪 40 年代后期，乔治·伽莫夫和他的合作者们猜想如果宇宙从一次大爆炸开始，那么早期宇宙应该充满了强烈的辐射，在历经百亿年之后其暗淡的余辉应该还在。（他们猜对了，但理由错了。）但是，虽然他们调研了寻找这种火球辐射的可能性，但射电天文学家们告知他们这是不可能探测到的。随后每个人都忘记了残余辐射，因为伽莫夫的理论没有被承认。

但 15 年后，由于一个完全不同的理由，鲍勃·迪克再次发现了火球辐射。他觉得寻找这种暗淡的创世余辉是可能的，并把寻找它的这项工作交给两位年轻射电天文学家。但就在他们开始寻找的前夜——从这里这个故事沦为一场闹剧——相隔仅仅 1 小时车程的另一对天文学家纯属偶然地发现了微波背景辐射，而最初他们以为自己看到的只是鸽子粪发出的射电波。

为什么火球辐射没有早点儿被发现？

这是个奇怪的故事，而且变得更奇怪了。想想这个问题就令人困惑，为什么宇宙微波背景没有早点被发现？毕竟阿诺·彭齐亚斯从贝尔实验室给普林斯顿的鲍勃·迪克打那那个关键的电话之前，它已经被预言了整整 17 年了。

这个问题已经困惑了戴维·威尔金森很久了。“我经常好奇为何在那 17 年里没有人根据事实推理出来，”他说，“不仅微波辐射计在射电天文学里是一种标准仪器，而且伽莫夫研究组已经公开宣传了在宇宙中应该存在温度仅为几开的微波辐射的想法。伽莫夫甚至还在《科学美国人》上撰写了关于它的科普文章。要是去寻找这种辐射，你所需要只是两样东西：一台良好的微波号角天线，以及一个冷负载。”

罗伯特·威尔逊也认为没有人早点动手寻找残余辐射真是令人吃惊。“阿尔弗和赫尔曼做出预言之后，随手都可能有人来核对它，”他说，“如果鲍勃·迪克想寻找火球辐射，他本可以用第二次世界大战时期的设备来完成。实际上，类似威尔金森的射电接收器可能在战后不久就被造出来了。”

“当然，阿尔弗和赫尔曼确实去找了一些射电天文学家进行了解，后者说，不行，这种测量不可能。但我相信要是迪克想过做这种仪器，他就能做出来并且获得成功。”

迪克没有做的原因只是因为他完全不知道这件事，要是在今天他就会懊悔得踢自己一脚。

“在第二次世界大战中和战后，我曾有一些机会用我的微波接收器做一些有意思的天文学工作，”迪克说道，“但我都错过了。我真有点蠢。你瞧，那时候我还没意识到天文学是什么。我只是为完成课题做的一个项目而已。”

但并不是所有人都忽略了阿尔弗和赫尔曼的预言。在苏联，有两位警觉的天文学家，安德烈·多罗什克维奇（Andrei Doroshkevich）和伊戈尔·诺维科夫（Igor Novikov），非常接近推导出正确的结论。“他们了解阿尔弗和赫尔曼关于火球辐射的预言，”威尔金森说，“他们也确信贝尔实验室的天线是唯一世界上能够证实火球辐射的天线。”

1964 年，多罗什克维奇和诺维科夫与他们的普林斯顿同行一样，都在集中精力阅读埃德·奥姆在《贝尔系统技术期刊》上的文章（看来俄国人在读美国科学文献时比美国人要彻底多了）。而且他们把注意力集中到奥姆在 1961 年的一篇文章，这篇文章第一次提及了神秘的射电嘶嘶声。

但是，尽管已经把几乎所有的碎片组合在一起了，就在他们即将完成拼图的时候，多罗什克维奇和诺维科夫犯了一个令人心碎的错误：他们误会了奥姆的文章。

奥姆声明它已经测量了“天”的温度为 3 开多一点。这里他的意思是，当他把 20 英尺天线指向天空，并考虑了所有无关的射电波源之后，还剩下无法解释的 3 开残余。但这两位俄国天文学家认为，在计算“天”温度时，奥姆并没有去除大气层的温度。巧合的是它也是大约 3 开。所以这两位天文学家从“天”温度中又减去了它，最终他们实际得到了零结果。因此他们总结出，在宇宙中没有可观测的背景光。

“当我们也看到这篇文章时，我们认为火球辐射很有可能就在这里，”威尔金森说，“但多罗什克维奇和诺维科夫读到它时，得出了完全相反的结论。”

这两位俄国天文学家把他们的结论转达给了他们的资深同事，雅科夫·鲍里斯·泽尔多维奇（Yakov Boris Zel'dovich），全世界最著名的宇宙学家之一。泽尔多维奇把这当作了热大爆炸理论错误的证据，在1965年出版了一篇文章中他就是这么说的。

讽刺的是，另一位著名的宇宙学家弗雷德·霍伊尔在前一年得出结论，宇宙在遥远的过去某个时候必然曾经历炽热致密的状态。特别重要的是，霍伊尔早就应该得到这个结论了，因为正是他关于元素是在恒星内部生成的理论否定了伽莫夫关于元素是在热大爆炸中生成的思想。

但在20世纪60年代初，霍伊尔已经非常清楚，虽然他的理论在解释绝大部分元素的起源获得了巨大的成功，但还远远不能解释为什么氦元素如此之多。因为从宇宙形成开始，恒星还没有足够的时间生成所有的氦。

霍伊尔和一位同事罗杰·泰勒（Roger Tayler）总结道，氦元素一定要么是在宇宙大爆炸中形成的，要不是遍布整个宇宙的许多次“小爆炸”形成的。宇宙并不简单，元素并不是在唯一的地方形成的。

它们既曾在恒星里被“烹制”，也曾经在经历宇宙所经历的炽热致密状态。霍伊尔和泰勒意识到，作为这种炽热致密状态的一个明显的结果，那就是火球辐射，它冷却后的残迹应该至今依然存在。[1]

所以目前全世界有三个研究小组独立地认识到了应该存在一种普遍的微波背景充斥着宇宙。

但是，在1964年霍伊尔和泰勒提交发表一篇关于宇宙中氦元素起源的论文是，他们无缘无故地省略了对宇宙背景辐射的预言——尽管实际上起初一份草稿中他们已经写了进去。宇宙背景辐射的故事在理论方面就跟在观测方面一样错失了机会。

有一个人长久以来一直在苦苦思索为什么宇宙背景辐射的发现——20世纪最重要的发现之一——竟然只是偶然作出来的，为什么没有人更早着手系统地搜寻。这个人就是物理学家、诺贝尔奖获得者斯蒂文·温伯格（Steven Weinberg）。在他关于宇宙大爆炸的优秀科普作品《宇宙最初三分钟》里，他给了三个主要原因来解释为什么。首先，温伯格认为，关于火球辐射的预言是在一个后来被证明不可信的理论中出现的。到20世纪50年代，乔治·伽莫夫所希望的大多数元素是在宇宙大爆炸中形成的理论已经很清楚是错误的。

其次，温伯格认为，那些最初预言了大爆炸辐射的理论学家们被射电天文学家告知它是不可能探测到的。

但大爆炸理论没有能够导致对火球辐射进行搜寻的最重要的原因，温伯格认为是在1965年之前，对于任何一位物理学家来说想要认真对待关于早期宇宙的任何理论都是极端困难的。这又是一次想象力的失败。宇宙最初几分钟的物质温度和密度都会极

---

① 霍伊尔和泰勒很清楚阿尔弗与赫尔曼关于创世余辉的预言。关于氦元素丰度的争论使他们直接得出了相同的结论。

端的高，远远超乎了日常经验，因此任何人都很难相信曾经存在过这样一种状态。正如温伯格所说，物理学家们的失误并不是对待这些理论过于认真，而是还不够认真。

星际空间的温度计

这个故事还有一个更为离奇的情节。不仅仅在彭齐亚斯打给迪克的重要电话很久之前炸辐射已经被预言过了，而且它实际也早就被观测到过了。事实上，宇宙背景辐射的证据已经存在超过25 年了！它甚至也发表在了科学文献中，但根本没有人注意到。

1938 年，即阿尔弗和赫尔曼做出关于火球辐射的预言之前整整 10 年，瓦尔特・亚当斯（Walter Adams），南加利福尼亚州的威尔逊山天文台台长，用望远镜观测了蛇夫座里的一颗近邻恒星。他很快注意到在这颗恒星的光谱中有一个不同寻常的低谷。这个低谷就像是有些光被一种称为氰（cyanogen）的气体分子所吸收造成的。

这种分子是很脆弱的东西，它们很容易被高热分解，所以不容易在恒星附近找到。因此亚当斯给出结论认为他所见到的这些氰分子是在一片不可见的星际气体云中，这片星际云悬浮在这颗恒星和地球之间太空的某个位置。

这类气体云散落于整个银河系各个位置——这些也是类似太阳这样的恒星所诞生的位置——所以在这颗邻近恒星之前发现它算不上令人吃惊。

但这条氰吸收线却是个意外。亚当斯对这条谱线所能做出的唯一合理的解释就是假定这些氰分子——它们就像是微小的原子哑铃——正在旋转，漂浮在太空中不停地翻跟斗。

但这是不可能的。星际空间冷到不可思议，差点就到绝对零度了，冷到这份儿上所有的运动都慢到趋于静止了。

必然有某种东西正在驱动这些微小的氰分子，才会导致它们旋转。加拿大自治领天文台（Dominion Observatory）的天文学家安德鲁·麦凯勒（Andrew McKellar）计算了这必须存在的东西是什么。它是一种波长为2.64毫米、温度约2.3开的辐射。但这种辐射是什么，它从而来，麦凯勒并不知道。

在对其他好几颗恒星的观测中也发现了氰分子，它们比理论上转动得更快。所以击打这些微小氰分子的辐射必然在整个银河系都广泛分布——如果不是全宇宙的话。

其他天文学家认为这种反常情况不值得为之寝食不安，所以，在那些时代所做出了类似的发现，结果都被遗忘了。直到1965年，发现了宇宙背景之后，包括俄国天文学家乔瑟夫·施劳夫斯基（Iosef Schlovski）在内，很多人突然想起来了亚当斯和麦凯勒的工作。他们指出这些在冷得要死的太空里不应该旋转的小分子们之所以在旋转，是因为他们被大爆炸的余辉连续打击所致。这些分子简直是量身定制的星际温度计，端坐在太空中静静地测量着宇宙的温度。到此为止，氰分子之谜终于解开了。

“这小伙子真是个冒失鬼”

1965年6月，吉姆·皮布尔斯在美国物理学会一次纽约会议上做了关于火球辐射的公开演讲。这次讲演注定会让他第一次意识到普林斯顿研究小组面临着何等风险，他们仅仅从一次观测结果就宣称宇宙大爆炸辐射已经被发现了。

为了说明演讲内容，皮布尔斯准备了一张幻灯片来展示彭齐亚斯和威尔逊在 7.73 厘米处进行的背景测量——仅有一个点。通过这个点，他画了一条黑体辐射特征的钟形曲线，表现大爆炸辐射如何随波长而变。当皮布尔斯把这张幻灯片投影到屏幕上时，他很惊讶观众的反应。“人们开始哄堂大笑。”他说。皮布尔斯皱着眉头向屏幕上的图线看去。

这也是他第一次以旁观者的视角来看它，他突然之间震惊地意识到了它看起来是多么的荒谬。出于绝对的自信，他通过唯一的数据点就画出了一条复杂的曲线。他在仅有一个点的时候就把所有的点“连”起来了。甚至连学校的孩子们都知道，通过一个点你可以画出来任意曲线，所有这些曲线的正确或错误程度都是一样的。

“人们一看到这条曲线，就知道这有多么荒唐了，”皮布尔斯说，“他们在想，‘这小伙子还真是个冒失鬼啊。’”

“我知道认为探测到的这个就是背景辐射是非常投机的。但我还没有放出来的幻灯片讲的就是我们做出的预言是多么具有戏剧性，以及出错的可能性有多大。”

但是，尽管他和威尔金森等人都实实在在地冒了风险，皮布尔斯并不觉得需要什么特殊的勇气才能这样做。“要是我们错了，这对我们的打击也不过就像把水洒到鸭子背上。”他说。

“做科学就需要勇敢猜测。这种勇敢并不是那种鲁莽地让自己受伤的意思。所以只要你不要勇敢过头总是在说大话，你就不必特别担心自己的名声受损。”

关于皮布尔斯是对是错的争论仍在继续。要做出结论就需要收集到更多的数据点。正如观众的哄笑所指出的事实，在找到更多证据之前，任何人都不敢肯定彭齐亚斯和威尔逊接收到的这个信号是真的来自宇宙大爆炸。

既放松又失望

1965年12月，宇宙大爆炸的思想通过第一次重大检验，此时威尔金森和罗尔终于把他们在房顶上的天线弄好了开工了，这时距离他们开始建造它已经将近1年了。他们成功地测量到波长3.2厘米处的天空温度，发现它也为大约3开，跟彭齐亚斯和威尔逊所发现的非常一致。

"得到这个结果对我们来说着实松了一口气，因为我们已经冒了太大的风险，"威尔金森说，"我们在《天体物理学快报》上的论文招致了很多嘲笑。大多数人觉得我们的解释太荒谬了。我是说，我们仅有一个数据点!"

但威尔金森和罗尔最终完成这次测量之后，放松并不是威尔金森唯一的感受。"我不能不承认有点扫兴。"他说。贝尔实验室实际上抢走了普林斯顿的功绩。春天的时候，皮布尔斯对于罗尔和威尔金森在最后一刻被击败还不觉得很沮丧。但现在不一样了，普林斯顿小组做出来的结果确实符合了大爆炸解释，而且普林斯顿本可以轻松地拿到第一名！"也就是这时候我开始觉得，戴维和彼得被抢先真是个巨大的耻辱。"皮布尔斯说。

平滑性测量

到现在有了在两个波长上两次对背景辐射的观测了。可能还不算多，但这毕竟一个开始。这两个结果都与单一温度的某种黑体辐射谱一致，恰好是对于来自大爆炸的辐射预期的结果。

但对于这种背景辐射是否来自大爆炸还有一个检验。它不仅得是黑体谱，还得在天空各个方向上具有同样的亮度。"我们得了解这家伙最好是光滑地分布在我们周围。”皮布尔斯说。

就在普林斯顿小组对宇宙背景辐射进行第二次探测的时候，迪克认为对仪器进行改装，尝试测量辐射在全天分布的平滑程度是个好主意。因此威尔金森就有了一个新帮手。

1965年夏天，他和彼得·罗尔还在摆弄楼顶的实验设备时，迪克又招来了一位名叫布鲁斯·帕特里奇（Bruce Patridge）的年轻物理学家。帕特里奇从牛津毕业加入到“引力研究小组”时，他第一份工作是要选择一个实验。迪克向他展示当时正在进行的两个实验。

一个实验是要测量太阳的扁率。这是迪克又一个最得意的想法。要是发现太阳是扁的（也就是形状上不是完美球形），那么迪克自己的引力理论就跟爱因斯坦理论一样能够有效地解释水星的轨道。

但当帕特里奇看到太阳扁率实验的时候，他很失望。“整个实验看起来复杂得要命，”他说，“到处都是一排排的电子学仪器。”他怯怯地问他能不能瞧瞧另一个实验。迪克带他来看威尔金森和罗尔的微波背景实验，帕特里奇立刻长舒了一口气。“它看起来简单多了，”他说，“所以我就选择了这个实验。”

这就是布鲁斯·帕特里奇最初来跟戴维·威尔金森一起做测量微波背景平滑性实验的情形。

在实际测量中，要把天线指向天空的不同方位，并比较记录下来的温度。将背景辐射与其自身相比较有很多方便之处。首先，你不需要担心来源无关的射电波，因为在天线向两个方向做测量时它们通常是一样的。在把一个温度与另一相减求差值的过程中，无关的信号自然就消去了。

彭齐亚斯和威尔逊已经证明了在他们的天线来回巡视天空时，背景辐射温度的变化小于10%。“我们认识到我们能做得比他们要好得太多了，”帕特里奇说。“我们甚至不需要把天线从屋顶上搬下来，”威尔金森说，“我们不再把天线指向正上方，只要简单地改为倾斜45度。”

他们的想法是把这个喇叭形的号角指向天赤道。天赤道是天空中想象中的一个圆，它本质上是地球赤道向外延伸，与天球相遇形成的圆。所以，每过24小时，地球的旋转就会带着天线扫过整整一圈。如果背景辐射在这个圆上是变化的，那么天线所记录的温度在24小时过程中就会缓慢变化。

这听起来很直接，但实际操作却很复杂。世间其他东西也会使威尔金森和帕特里奇的天线在24小时内记录到的温度不断变化。比如，在白天太阳会加热天线，导致它产生比晚上更多的无关的射电波。无论如何他们得把这种温度变化与宇宙背景辐射的真实效应区分开来。

在先前的实验中，威尔金森和罗尔通过经常把天线指向温度保持恒定的人工射电波源——冷负载——从而成功地去除了这类无关的效应。但对于平滑性实验来说这样似乎太笨拙了。

取而代之的是，威尔金森和帕特里奇定时把一面垂直的金属镜面放在号角跟前，这样它观测的就不是天赤道，而是天空上被称为北天极的一点。从本质上说，北天极就是假象中地球北极延伸与天空相交的点。北天极从不移动：如果你有耐心整个晚上观测天空，你会看到所有的恒星都在围绕它在转动。

在平滑性实验中，威尔金森和帕特里奇定时用天赤道上的天空温度减去北天极的天空温度。在这两次测量中，昼夜温度变化所导致的信号变化是以同样的方式进行的，所以这类无关效应抵消了。而且在这两次测量中，号角接收的信号穿过了同样的大气层厚度，所以来自大气层的无关信号也抵消了。

但向北天极方向观测的最重要原因是，这里的背景温度是恒定的。实际上，北天极附近的天区就是个天然的冷负载。通过在天赤道和北天极之间定时来回观测，威尔金森和帕特里奇就能够测绘出在天赤道附近的背景辐射的温度变化了。

到 1966 年，威尔金森和帕特里奇已经发现，在天赤道附近，背景辐射的温度变化小于约 0.1%。“我们将彭齐亚斯和威尔逊的结果提高了将近 100 倍。”帕特里奇说。

大爆炸辐射这样出色地通过了又一个重要检验。至少以 1966 年的技术所能进行的判断说明，它均匀地来自各个方向。

可以回望早期宇宙了

发现宇宙背景辐射之后，人们开始认真地对待早期宇宙。伽莫夫已经展示了如何用核物理知识帮助我们理解在大爆炸之后几分钟内宇宙所发生的事情，当时的温度有几十亿开。但温度更高、条件更极端的更早期的时候又是如何呢？对这些遥远时代的深刻洞察来自于极小尺度和极大尺度上两种科学奇怪的联姻——粒子物理和宇宙学。

粒子物理学家致力于发现是什么构成了所有的物质。他们曾经以为是原子，但后来他们发现原子也是由更小的东西组成的——质子、中子和电子。随后，让他们沮丧的是他们发现甚至质子和中子也是由更小的东西组成的，这就是夸克。没有人曾经分离出来夸克，也没有人能确定这些粒子是否真的是探索的重点。可能物质粒子就像俄罗斯套娃，虽然我们向表面现象之下不断地深入探索，我们总是不断地发现新的东西。

早期宇宙与粒子物理学之间联系密切，这是因为在大爆炸时存在的极高温度之下，粒子飞行速度如此之快，以至于它们相互撞击并解体成为基本成分。粒子物理学家在巨大的粒子加速器中模拟这种情况，用飞旋的微观物质粒子以极大的速度彼此撞击。在那么一瞬间，他们能创造出来自宇宙大爆炸之后的极短时间以来，宇宙中再也不曾出现过的极短条件。

伽莫夫熟谙核物理学——即温度达到几百万到几十亿开的物理学，并把它应用到早期宇宙上。今天的物理学家已经了解了几千亿开甚至更高温度的物理学。相比于伽莫夫只探索了大爆炸之后几分钟，今天物理学家们已经很确信地预言了千分之几秒内的条件。实际上他们向时间起点还推进了更远，只是确定性没那么高。

困坐于地球上的我们竟然声称了解如此久远时代的宇宙，这看起来似乎有些鲁莽。毕竟，大爆炸理论大体上是基于三个观测事实的：宇宙的膨胀、火球辐射的存在，以及氦元素的丰度。但我们能了解这么多，因为早期宇宙结构非常单一。随着我们回溯的时间它以可预测的方式变得越来越热，但在任何时间我们只要知道了温度，就能够完整地描述整个宇宙。唯一剩下的就是加入在这个温度下对应的粒子物理学内容，我们就知道了一切。

当然，问题在于，迟早我们的粒子物理知识会变得不可靠。我们不可能总是在地球上达到相应的温度来检验粒子物理学。我们已经位于未知王国之中。但即使在这里，也有一个向导。因为粒子物理和宇宙学的联姻已经证明它们是如何相互依存的，宇宙有多少特征肯定是由宇宙最初时刻极小尺度上的物理学所决定的。无论我们采用什么样的物理学，它在更大宇宙范围内产生的结果都不会与天文学家在我们周围所观测到的相冲突。

这就是伽莫夫的遗产。就目前我们所见，宇宙从何而来这个终极问题只有粒子物理学才能够回答。

荣誉最终尘埃落定

乔治·伽莫夫在 1968 年去世，所以他们没能活到他的理念被证明。1978 年，阿诺·彭齐亚斯和罗伯特·威尔逊因为发现宇宙微波背景而被授予诺贝尔奖，他们获得了最权威的认证。

威尔逊在 1978 年初得到了第一次暗示。“有人发表对未来的诺贝尔奖的预测（我想是在《奥姆尼》杂志上），他把我们列入其中了，”威尔逊说，“但他曾经弄错了很多事情，所以阿诺和我没有认真对待它。”1978 年夏天，又有了一个暗示，这次来自杰瑞·里克森（Jerry Rickson），他是爱尔兰人，在返回欧洲前曾在贝尔实验室工作过一段时间。在访问瑞典时，瑞典一位重要的射电天文学家向里克森透了口风。“杰瑞来问了一些关我和阿诺及我们之间关系的很详细的问题，”威尔逊说，“谁做了什么，诸如此类。”

后来，威尔逊的一位叫马丁·施奈德（Martin Schneider）的瑞士同事给出了一个更公然的暗示。施奈德有一份实验进展报告逾期未交给威尔逊，所以当他们两个在贝尔实验室走廊上遇见是，威尔逊提到了那份报告，问他能否第二天放到办公桌上。令威尔逊惊奇的是，施奈德说不，“你明天不会要看它，”他兴高采烈地说，“因为他们将宣布授予你诺贝尔奖!”

“我必须承认我没有太把这句话当真。”威尔逊说。但第二天他在早上7点钟被电话铃声吵醒了。来电话的是威尔逊在贝尔实验室的另一位同事，他在WCBS电台听到了新闻，想知道人们说他和阿诺·彭齐亚斯获得了诺贝尔奖的事儿是不是真的。

威尔逊没法说是不是。不过最终他收到了一份电报，说瑞典皇家科学院已经把1978年诺贝尔物理学奖授予彭齐亚斯和威尔逊，表彰他们发现了3开宇宙背景辐射。“有了这么多暗示之后，这没有让我很意外。”威尔逊说。

“我现在也不知道施奈德从哪里获得的消息。但他就是那种会四处打探调查事情的人。直到最后一年才有人暗示还真是挺好的。我觉得很幸运，因为不会有人年复一年地跟你说‘你要得诺贝尔奖啦’，结果你却总是得不到。”

诺贝尔委员会决定把这个奖授予微波背景的发现者而不是那些曾预言它存在的那些人。他们以这种方式很好地回避了那些物理学家们确定究竟谁该得奖的棘手问题。

“我很失望鲍勃·迪克没有获得这个奖的一部分，”皮布尔斯说，“我觉得如果彭齐亚斯、威尔逊和迪克是个很好的方案。伽莫夫在1968年去世，诺贝尔奖的一个原则是不授予已去世的人。我猜对于这些奖项，诺贝尔评奖人必须做某种半武断的决定。在微波背景这件事上他们就是这么做的。”

委员会另一个考虑可能是，理论预言比实验结果存在更多变数。显然，发现高温超导体的两位物理学家在几年内就拿到了诺贝尔奖，相对论是20世纪科学最高成就之一，但爱因斯坦没有因此获奖，他获奖是因为解释了光电效应。

威尔金森绝对清楚为什么彭齐亚斯和威尔逊能获奖。“他们发现了关于宇宙的基本而且重要的事情，”他说，“并且他们是一流的实验家。”

这两位实验家在20世纪60年代又一次证明自己，这次他们又做出了一个重大的天文发现。“他们发现在太空之中漂浮着大量的一氧化碳分子。”威尔逊说。除了氢分子之外，一氧化碳被证明是宇宙中最常见的分子。

第八章　最艰难的科学测量

——命运多舛的 25 年

1967 年春天，戴维·威尔金森和布鲁斯·帕特里奇开着租来大卡车，驶出了亚利桑那州尤马（Yuma）美国军事基地的大门。在普林斯顿的时候，他们测量大爆炸辐射平坦性的实验被新泽西州高空云含有的水蒸气所限制。重新设计实验之后，他们决定掉头前往到美国西南部阳光最灿烂地区做测量。

“美国军方借给我们一片被高围栏围起来的沙漠，”帕特里奇说，“他们甚至还给了我们现役军衔，让我们在停留期间能够使用军官俱乐部。戴维是上尉，我是中尉。”

这个地点非常适合普林斯顿研究小组。这里阳光明媚又干燥，高围栏挡住了动物，防止它们进来践踏设备。这里只有一个缺点：“这里是军队存放神经毒气弹的地方，放在这里是为了检验在沙漠条件下炮弹会不会漏气。”

在景泰蓝一样的天空下，被在阳光下炙烤着的大堆神经毒气弹的包围之中，威尔金森和帕特里奇开始安装设备的工作。对于危险，俩人都没有顾虑太多。“我们被告知，如果出现了某些症状，就赶紧戴上面具，尽可能快地离开这个区域。”帕特里奇说。

实验用的电子学设备被放在他们从零售店买来的一个花园木屋中。微波号角就放在露天沙漠里，只是垂向地面而不是指向天空。“要是我们把号角竖起来，它很快就会落满各种死虫子和露水。”帕特里奇说。在号角下面放了一个金属镜面以确保天空来的微波能够反射进号角张开的开口里。

连续好几星期，帕特里奇和威尔金森都在毒气弹包围下工作，骑着用研究经费买来的一辆助动车代步。“助动车比起租车来要便宜多了，”帕特里奇说，“这给纳税人省了一大笔钱。”因为实验被设定为自动工作的，所以安装完成之后他们就把它留在了沙漠里突突地独自运行了。

不过情况依然不妙。“尤马实验运行了一年，”帕特里奇说，“结果完全失败了。”结果表明，当镜面反射区域从一片天空转向另一片天空时，号角测到的完全不同的温度。但这个温度差异不是来自宇宙微波背景，而更多来自本地条件。不同的天空区域包含的水蒸气量不同，这种不均匀性完全盖过了来自时间之初的辐射所可能存在的任何变化。

“当戴维和我在普林斯顿查看天气报告时，我们发现亚利桑那州的尤马是美国阳光最好的地方，”帕特里奇说，“我们这点完全正确——它阳光是好。但在大气中还是有很多水蒸气。这些水汽只是没有表现为可见的云而已。”

尤马实验的失败突显了在厚厚的大气层之下进行宇宙背景实验是何等困难。“我们测量大爆炸的实验总是被自然界的固执所击败。”帕特里奇说。在接下来的二十多年里，这将成为一种令人沮丧的模式。

到大气层之上去瞧一瞧

在大气中悬浮的不可见的水汽被证明是宇宙背景实验之祸根。尤其在几厘米或更短的短波进行观测是特别令人烦恼。在这些波段上，水蒸气发光非常明亮，以至于竟压过了宝贵的宇宙背景辐射。不幸的是，这些短波处也正是天文学家们最想对创世余辉进行观测的波段。

原因是，温度为3开的黑体辐射的光谱型峰值波长也就是大约1毫米。为了一劳永逸地证明宇宙背景辐射确实真的来自于宇宙大爆炸，天文学家们必须证明它的谱形是黑体谱。实际操作上，这意味着寻找到峰值，并且在峰值之外迅速衰减的谱形。

在波长约为1毫米处，水蒸气和大气层中的其他分子发光剧烈。在峰值之上，即“亚毫米”的波长段，情况更为糟糕。不仅仅水蒸气发光明亮，而且宇宙背景辐射本身也迅速变得更暗淡。来自背景的微弱信号将完全被淹没了。

观测宇宙背景的峰值和更短的光谱是个艰巨的问题。唯一的解决方案就是把仪器带到高海拔上，尽可能地越过大气层的遮蔽。任何一个攀登过高山的人都知道，你爬得越高，天气就越冷。如果你爬得足够高，温度就会降低，空气中的水蒸气就会变成冰，以雪的形式落下来。①

在超越大气层的征途中，科学家们从沙漠走到山顶，又动用了高空气球、侦察飞机和火箭。最终有一天，他们甚至进入了太空。

---

① 实际上，地球上有个地方大气中一点儿水汽都没有，甚至地面附近也是如此，那就是南极。那里的大气温度太低，水汽无法存在。

山顶，再向上

在尤马失败之后，威尔金森和帕特里奇把注意力重新转回到测量宇宙背景辐射谱上，试图确定它确实是黑体谱。在亚利桑那州西南沙漠里他们学到了痛苦的教训，他们不会让同样的错误再次发生。

对于新的试验地点，他们选择了加利福尼亚州北部的白山（White Mountain）顶峰。这里海拔 3810 米，是美国最干燥的地点之一。威尔金森和帕特里奇并不是唯一注意到这里的研究团队。“当我们到达白山，开始登上山顶时，我们发现了一台样子可疑的设备，它带着一个微波号角，”帕特里奇说，“来自麻省理工的伯尼·伯克等人已经在山顶上在做跟我们完全一样的工作了!”这表明在最初那些日子里，测量宇宙背景还不太困难的时候，它是一个多么兴旺的行业。

威尔金森和帕特里奇现在和一位同事鲍勃·斯托克斯一起工作。他们带来了三台微波号角，每个都工作在不同波长。这个计划是一石三鸟（宇宙学的“鸟”），在宇宙背景的光谱上确定三个点。

紧跟在彭齐亚斯和威尔逊的发现之后，世界上每一位能够拿到可用的射电望远镜的天文学家都试图测量宇宙背景。到 1966 年中期，已经证明从 21 厘米一直到 2.6 毫米，在这些波长相差百倍的所有波段上，辐射温度都接近 3 开。

但所有这些测量都只是在钟形光谱的一侧进行的，即在长波的一端。普林斯顿研究小组试图用他们的三台微波号角来探测谱峰和更短波长的信号。他们像勤劳的河狸一样做了一个半月的实验。这次他们获得了成功。“我们发现了谱峰另一侧下降的第一个实验证据。”帕特里奇说。

但这已是传统微波技术所能达到的极限。在1毫米这样短波处不可能制造微波接收器。在短波上，水蒸气是一个众所周知的问题。但射电天文学家们首先完成钟形谱线长波一侧测量的主要原因是他们能够利用经过多次检验、技术成熟的微波接收器。谱线的长波一侧是容易。

“现在，软的奶酪已经被刮干净了，”帕特里奇说，“剩下的都是硬的。”

经过初期的狂热之后，随之而来的是一段空闲时期。“至少在普林斯顿，人们都离开这个领域去做其他工作了。”帕特里奇说，他自己也转向了更为传统的射电和光学天文学。

20世纪70年代初期基本没什么进展。要继续前进就需要全新的技术：探测毫米波和亚毫米波背景辐射的技术。

背景探测成瘾

有一个人即使在最困难的时期依然在这个领域奋战，他就是戴维·威尔金森。1965年，当鲍勃·迪克冲进他的实验室宣布宇宙可能充满了创世余辉的那一天，就决定了他的命运。威尔金森就像被“微波背景虫”咬了一样，从此终生成瘾。

他并不孤独。做宇宙背景实验的人们是一支具有献身精神的队伍。他们愿意把余下的职业生涯都奉献给这个领域。甚至连转向了其他方向的帕特里奇，也一次又一次回到宇宙背景的研究上。

帕特里奇清楚地知道为什么他对宇宙背景辐射如此着迷。

“对我来说答案很清楚，”他说，“它的简洁性。这些测量辐射的实验既易于理解也易于描述。辐射本身是简洁的——它是一种黑体辐射，而且在天空所有的方向都具有相同的温度。一旦你确定了它的这两项性质，你就了解了它的一切。”

“宇宙背景辐射的简洁性告诉我们了一个不可思议的事情——早期宇宙是个令人惊奇却并不复杂的所在。”

“它是回顾宇宙诞生的唯一途径。”鲍勃·迪克说。

威尔金森同意他的看法。不过宇宙学只是他为之着迷的部分原因，主要原因则是他热爱设计并建造实验仪器从而战胜自然的这种挑战。“这正是我所喜欢的那类实验，”他说，“它们很难但是很重要。你不得不认真思考那些无关的效应，在实验中施展才智，进行创新。”

这可以追溯到他的童年时代。“我喜欢鼓捣一些小玩意儿、小发明，”威尔金森说，“我从父亲那里学到了这些。他只是高中毕业，但对电子仪器很感兴趣。他在我们家地窖里了弄了个工作室。在我还是个孩子的时候，我就经常跟各种汽车和电子仪器打交道。”

但吸引威尔金森的还不止这些。有另外一个原因总是召唤着他。“只需要你和一名研究生就能够进行如此重要的实验，”他说，“你能够完全控制这项实验。这是一个小规模、可控的科学项目。”如今，太多的科学项目都是大型的，由几百名科学家组成的国际团队来开展，由此可见为什么微波背景项目如此具有吸引力了。

气球、火箭、飞机

在20世纪70年代初，威尔金森利用了当时刚发展出来的一项新技术：高空气球。“尤马实验的失败促使戴维首选考虑使用气球到达绝大多数水汽所无法到达的高空。”帕德里奇说。气球可以携带仪器组到达非常高的高度，可能是珠穆朗玛峰的三四倍。在这样的高度，空气非常之稀薄，仪器实际上已经位于太空。在高空的强风把气球吹落海洋或者径直失控之前，约有 10 个小时的时间里，仪器能够毫无阻碍地窥视宇宙。

高空气球悬浮实验意味着进行宇宙背景实验比以前更为复杂了。一切都必须远程作业。即使是在地面上把冷负载加装在天线前面这样非常简单的事情，在高空也必须自动完成，从而成为非常麻烦的困难。

“气球实验与桌面实验不同，”威尔金森说，“桌面实验时你犯了任何错误，都可以修改实验重新来过。但气球实验每年才做一次，你不能随时更改。”

意想不到的事情容易发生在 30 千米或 40 千米的大气层的极端环境中。一开始，环境会变得异常的冷，仪器上可能会结冰。在地面上容易解决的任何问题，却可能毁掉吊在太空边缘的气球之下的这个实验。

关于气球的工作，威尔金森有一个秘密武器——他老爸。因为他老爸已经退休，住在德克萨斯，所以威尔金森的气球就是从这里起飞，他经常来帮忙搭把手。威尔金森通常只跟一名研究生进行工作，所以非常感激老爸。升空实验组件需要大量的准备工作要做。

当时，气球仅仅是人类能够达到大气层之上的方式之一。有些人使用高空飞机，有些人使用轰鸣的火箭。气象学家们使用这些笔尖形状的火箭去研究上层大气。它们能够直上几百公里的高度，然后在燃料耗尽时下落回来。但在火箭停留在太空的几分钟里，它所携带的仪器能够清晰地观测宇宙。缺点则是，在这几分钟里，一切都必须表现得完美，否则几年的辛劳就付诸流水了。

崭新的天文学

20世纪70年代，研究人员把新技术引入到微波背景问题上，使这个领域继续保持活跃。70年初，在探测技术上出现了重大突破，出现了被称为“测辐射热计”的新探测器。它们对入射的辐射温度产生响应。基本上，极少量的热量输入就能极大地改变电流电阻，而电阻是非常容易测量的。

测辐射热计在几毫米的短波波段对微弱辐射进行探测比起射电接收器来要更加有效。在射电接收器无法工作的更短波长上，测辐射热计依然有效。不过，为了达到最好的测量效果，它们必须被冷却到接近绝对零度。

在宇宙背景研究领域，使用这种新探测器的科学家团队也出现了。在美国波士顿麻省理工的雷·韦斯和他同事是20世纪70年代早期最先使用测辐射热计的研究团队之一。在英国，由伦敦玛丽女王学院的约翰·贝克曼领导的团队开始涉足这个领域。另一个团队则从加州大学伯克利分校起步，其中包括了保罗·理查德、约翰·马瑟和乔治·斯穆特。上述两个美国团队注定要在这个领域产生重大影响。

但用测辐射热计对宇宙背景辐射的第一次观测并没有显示出黑体谱预期中的下降部分。“这个实验做起来极端困难，”威尔金森说。

与射电接收器只对一种波长产生响应不同的是，测辐射热计对所有的波长同时产生响应。这意味着对任何单一波长进行测量时，必须在探测器前面加上“滤波片”。滤波片只对感兴趣的特定波长是透明的，其余所有波长都被吸收了。

常见的滤波片的例子就是红色玻璃纸。它只允许红光通过，而阻止或者说“滤掉”了其他所有颜色。同样，蓝色滤波片仅对蓝光是透明的。

为了观测宇宙背景辐射，雷·韦斯这些科学家给测辐射热计装配了好几种滤波片。不过，虽然原来用微波接收器不可能进行的测量现在能做了，但使用测辐射热计也存在一些问题。

首先，滤波片能够吸辐射，但任何吸收都会再度辐射出来（否则它就会变得越来越热，最后变成耀眼的“白热”）。所以滤波片也是又一种额外辐射源，天文学家必须应对这个问题。

滤波片的另一个问题是，因为只允许某种特定波长的光通过，它们就舍弃了许多珍贵的宇宙背景辐射。这是非常浪费的。但在20世纪70年代末，在这个领域中又有了一个重大进展。第二代短波实验使用了一种被称为迈克尔逊干涉仪的仪器，从而能够同时探测所有的波长。

迈克尔逊干涉仪早在19世纪80年代就由美国物理学家阿尔伯特·迈克尔逊发明了。[①] 从本质上来说，所有这类仪器都是把光分为相等的两部分在重新进行合并。这样做看起来毫无意义，但光被分开之后到重新合并能够之前，两部分光走过了不同的距离——一般是在两个镜面之间进行来回反射。路径差别的大小可以通过逐渐移动一个镜面来进行改变。

---

① 1907年，阿尔伯特·迈克尔逊成为第一个获得诺贝尔奖的美国人。

由于进入迈克尔逊干涉仪的光线是由混合在一起的多种不同波长的光波构成的，当光线重新合并时，每个波长的光都与其另一半合并。对于某种波长，如果经过不同距离之后，两部分的波峰依然重合，则它们彼此增强。但如果一路波峰与另一路的波谷重合，那么这个波长的波相互抵消。

随着路径差别大小的改变，增强或抵消的波长也会改变。所以当重合的光落到测辐射热计上时，探测器记录下的亮度会发生变化。亮度随着路径差别进行改变的方式称为“干涉图”。理论上，干涉图中同时包括了需要测量亮度的大量波长的所有信息，换句话说，也就是可以测量光谱。在实际操作中，这只需要一点儿数学处理就能够提取出光谱。

怎么进行操作并不是这里要讨论的重点。关键是，迈克尔逊干涉仪能够同时测量所有的波长，不会有任何浪费。它还有个特色特别适合用于宇宙背景辐射谱的测量：它能够随时对天空和冷负载进行比较。这就不需要总是在天空和冷负载之间进行能够切换，浪费来自天空一半的宝贵光线了。

到 20 世纪 70 年代末，装备测辐射热计和冷负载的迈克尔逊干涉仪，代表了宇宙背景辐射谱测量的技术水平。但到了 80 年代，实验家们发展了最后一步。之前他们的只是少量的液氦，如今则大量使用。实际上，他们把包括天线在内的整套设备，都埋没在了装满液氦的保温瓶里。这样就能把它们冷却到几开之内，极大地降低了来自设备本身的干扰辐射。

最困难的评估工作

虽然有了这些进展，测量宇宙背景辐射仍然困难重重。毕竟，这是宇宙中最低的温度。其他任何物体都更热，包括地面、天空，甚至测量仪器本身。所以，无论何时进行背景测量，其他东西也会被包括在测量结果之中。这就像站在探照灯下去观测暗淡的恒星一样。

基本上，宇宙背景实验最后依赖于良好的评估。测量温度，然后考虑所有可能的干扰效应，估计它们有多大。要做的更好，就去测量它们有多大。宇宙背景只是把其他一切都解释清楚之后剩下的残余之物。

理论上，这很简单。这也就是帕特里奇之所以说实验易于理解和描述的原因。但在操作上就困难多了。“问题在于，你是否已经考虑了所有的一切?”威尔金森说，“这个领域的性质很有趣。你看到某人的结果之后，必须怀疑一切。”

有一些东西总是被忽视

要考虑到所有的伪辐射源几乎是不可能的。有一些东西总是会被忽视。有的天文学家无意中测量了他们仪器观测天空的塑料窗户的温度，还有的天文学家测量了悬挂他们的仪器的气球的温度。

帕特里奇记得与挪威同事在挪威北部所完成的一项实验。那是在北极圈上空 400 千米。“我们根据的理由是，如果你到了北极高空，那就跟进入太空一样，”他说，“那里寒冷、黑暗，没有太阳的时候，温度是稳定的。”他们的理由错了。“那完全是惨败，”帕特里奇回忆说，“我们被大气层捉弄死了。”他们没有考虑到有一股从苏维埃高原输出到挪威海岸高原降下的冷空气瀑布。“我们最后观测到的只是这股气流。事实表明，南极，而不是北极，才是应该去观测的地方。那里又高又干燥，空气表现良好，因为这里的大气层非常稳定。”

在另一次实验中，帕特里奇和同事放飞了一个实验气球来测量背景辐射的均匀性，最后却只测到了气球上拴着的缆绳的温度。实验用的号角需要在气球下进行旋转。帕特里奇的团队所不知道的是，气球的发射缆绳掉了下来，所以气球的带子，六条带着橡胶涂层的缆绳就悬挂在了号角的跟前。

“我们自己最初很担忧把设备组件从气球上悬挂下来的 4 根金属缆绳。”帕特里奇说（最后他们仔细地屏蔽了它们），“但没有告诉我们将要发生什么。号角每次转圈时，总是收到缆绳发出来的大得令人震惊的辐射。在我们的图标记录仪上，我们记录下来后面一个漫长、缓慢的辐射下降过程。仪器刚快要恢复了，号角就又转过来对上了缆绳！”

不过，尽管存在这些问题，实验家们还能够沉着应对。毕竟，宇宙背景辐射是我们观测宇宙开端的唯一窗口。到了 20 世纪 70 年代末，这些艰苦的工作开始取得成功……

第九章　无法克服的障碍

——宇宙背景辐射提出的疑难

1979年，美国加州大学伯克利分校的戴夫·伍迪（Dave Woody）和保罗·理查兹使用一个直径120米的气球把测辐射热计带上了43千米的高空。他们的仪器悬挂在气球下方650米处，对宇宙背景辐射进行了3个小时的观测。随即高空的强风把气球吹到了墨西哥湾，他们不得不去那里找回了气球。但在这3个小时里，伍迪和理查德的仪器得到了最好的观测谱，这是当时所有研究者中取得的最好结果。

这次试验配备了所有最先进的手段。来自天空的光线用一个喇叭形的号角天线进行收集，它进行了特别的设计以便阻挡来自附近温暖物体的杂乱辐射。这个设备还附有所谓的“地球返照防护罩”来阻挡来自下方地球的辐射。号角天线把光线输入到迈克尔逊干涉仪上，干涉仪上装备有灵敏的测辐射热计探测器，探测器用冷却到0.3开的氦-3进行冷却保温[①]，即要把天空的温度与

① 氦-3是氦元素一种稀有的同位素，它比常见的氦-4沸腾温度更低。

液氦冷却的人工黑体相比较。

为了降低来自仪器本身的不必要的辐射，伍迪和理查兹把他们的整个仪器，连同收集信号的号角天线一起，都浸没在装满液氦的保温瓶里。它悬挂在气球之下 650 米，以最大限度减少接受到来自气球本身的干扰辐射。

这两位天文学家发现火球辐射近似于 2.96 开的黑体辐射。"这是第一个我真正相信的光谱，"戴维·威尔金森说。

但在伍迪和理查兹测量到的光谱和 2.96 开的理论曲线还是有一个重要区别。虽然在长波端伍迪和理查兹的观测结果与 2.96 开黑体谱非常接近，但在短波端，即波峰另一侧，一致性并没有这么好。短波端存在太多辐射了。宇宙背景辐射谱在这里好像有个隆起。

"我们会看到这种情景在这个领域里一再重复，"布鲁斯·帕特里奇说，"无论人们何时去测量大爆炸辐射谱，在短波段（小于 1 毫米）的测量总是出现令人困惑的冗余信号。"

有人仍执著于气球实验，有人已经开始尝试用轰鸣的火箭把仪器发射到大气层之上了。专心钻研此类实验的人之一是温哥华英属哥伦比亚大学的赫布·古什（Herb Gush）。在 20 世纪 70 年代，他发射了几个这样的实验仪器，高度达到了数百公里。他也测量了短波上的宇宙背景辐射冗余。但古什的实验一直为若干问题所苦，比如，他所用火箭的废气中的发光气体遮挡了仪器的视野，令他的实验存在被人质疑。

1988 年保罗·理查兹（伯克利大学）与日本名古屋大学松本俊夫领导的研究小组合作，共同发射火箭实验装置，获得了同行认可的宇宙背景辐射谱。也正是从这一实验结果开始，在约 1 毫米的位置出现了一个凸起，这引起了理论学者们的巨大兴趣，他们掀起了一阵提出各种可能解释的热潮。

因为热大爆炸理论很自然地产生具有完美黑体谱的火球辐射，光谱上的这个凸起意味着在大爆炸以来有一些过程向宇宙注入了巨大的能量。这存在许多种可能性。例如，曾经有怀疑认为在星系中或星系之间存在大量温暖的尘埃，这些尘埃会导致宇宙背景谱的凸起。但这里的问题是要找到一种方式把尘埃加热到在波长1毫米附近足够明亮，而且尘埃在宇宙各处必须均匀存在，因为天文学家们知道背景辐射均等地来自各个方向。显然，这需要大得惊人的能量才能加热到这种地步。

理论学者们提出过各种可能性。例如在大爆炸之后曾经短暂地形成过大量恒星。它们生命周期短暂，最后爆炸，从而释放出巨大的能量。另一种可能性是，宇宙早期包含当前科学还不知道的某种“奇异”微观粒子，它们在大爆炸之后衰变，释放出了大量能量。

但这些所有的解释最终都失败了。要加热宇宙中大量的尘埃需要的能量太巨大了。理学家们想象不出有效的物理过程。

有人想到了一种可能性。他们怀疑光谱上的凸起是否可以解释为火球辐射能量某种简单的重新分布过程，把能量从长波“排出”，重新分布到约1毫米处，形成了光谱中观测到的这个凸起。

在这个图像中，这些背景辐射光子其实并没有在太空中飞行137亿年，而是在星系之间炽热的气体云中经过。这些炽热气体中充满了从气体原子中剥离的高速运动的电子。如果背景辐射光子与这些电子发生碰撞，光子就会“抢走”电子的能量，增强自身，从而缩短波长。无数次碰撞的净效果是长波波段的光子减少，重新分布到波长比波峰较短的位置。这个过程将会精确地产生在伯克利-名古屋实验中所见到的凸起。

但这个想法也存在问题。首先，当时没有人知道在宇宙中是否普遍存在这样的炽热气体。但炽热气体方案最大的问题还是尘埃方案遇到的同样困难——必须找到某种方式来加热星系之间的气体，而且当时没有人想出来如此巨大的能量从何而来。理论学者们陷入了惶恐。测量宇宙背景辐射的实验提出了一个看似无法解决的问题。

背景辐射揭示地球的运动

但是，对宇宙背景辐射谱的测量并不是唯一让理论学家们困惑的实验，测量辐射平滑度的实验也开始让他们饱受挫折。

但是，在 20 世纪 70 年代后期做出的一项发现完全如同预期，这就是由于地球在微波背景中的运动，会导致天空中某一方向上的辐射会比相反方向温度高一点儿。

“这项发现是逐渐做出的，”威尔金森说，“包括我们的工作在内的一系列地面试验已经稍微发现了一些迹象，最后是伯克利研究组从高空飞行的 U2 间谍飞机上看到了它。”

伯克利的菲尔·卢宾和乔治·斯穆特在 1977 年发现在狮子座方向的天空比相反方向的温度高了千分之一，这个差别仅仅相当于三千分之一开。这也难怪微波背景发现之后十多年后才发现了它。

这个温度差异能够用银河系的运动解释，在宇宙微波背景中，我们的银河系正在以每秒 379 千米的速度朝向狮子座方向飞去。由于多普勒效应，在这个方向上的辐射自然会产生蓝移，能量和温度都升高了。相反方向上的辐射，将会产生红移而降温。

“吉姆·皮布尔斯曾告诉过我会产生这种效应，那还是在彭齐亚斯和威尔森发现大爆炸辐射之前。”威尔金森说。皮布尔斯已经认识到，宇宙背景辐射是一种全宇宙的“参考系”，相对于它，宇宙中任何天体的速度都能够测量出来。因为皮布尔斯知道向银河系这样的典型星系的速度，所以曾预言这个效应该有多大。”

天文学家们把这种一半天空比另一半温度高的观测称为“偶极效应”。“看到偶极效应真是如释重负，”威尔金森说，“如果它不存在，那才是给每个人都提出了天大的难题。”

星系的诞生

但注定将成为尴尬的是，除去了这种“偶极”变化之外，宇宙背景辐射竟然全天都是均匀平滑的。“我们知道这种辐射必须是均匀的，”吉姆·皮布尔斯说，“但我们还知道它不能一潭死水般的平静，因为今天的宇宙充满了各种团块结构。”

在某个时间，早期宇宙中均匀分布的物质必须开始成团，从而形成星系和星系团，这反映在宇宙背景辐射上呈现为不均匀性。

回到 1965 年，当鲍勃·迪克首次宣布他的热大爆炸思想时，皮布尔斯已经意识到火球辐射与如银河系这样的星系起源有关。“辐射研究对于星系如何形成有着重要影响，这是相当明确的。”皮布尔斯说。

大爆炸之后，在最初的 38 万年里，火球辐射完全主导了宇宙。每存在一个物质粒子，就存在约 100 亿个光子，这个比例直到今天还保持不变。尽管今天的宇宙背景光子已经冷却，并随着宇宙膨胀被稀释，但在早期宇宙中光子极度炽热，并紧密地靠在一起。这就意味着，早期宇宙中每立方厘米内光子的总能量要远大于粒子的能量。物质仅占一小份。在早期宇宙中，辐射如弹。

这一切表明，星系形成过程的开始不可能早于大爆炸之后 38 万年，那时任何两个聚合在一起的粒子都会被火球辐射的光子轻易打散！但在 38 万年后，原子形成，吸收了所有的自由电子，而自由电子是火球辐射光子影响物质的媒介。因此对于光子来说，宇宙变得透明，从此之后，物质和辐射分道扬镳。

巧合的是，也正是大约此时，宇宙中的辐射能量密度降低到物质密度之下。这是因为随着宇宙膨胀，光子的波长被拉长，光子能量也被稀释。而物质粒子的能量不能被无限稀释，因为每个粒子都有下限，即所谓静止能量，不可能小于这个下限。①

所以，大爆炸后约 38 万年，宇宙变为由物质主导。物质从辐射的暴政之下获得自由，开始在引力作用下成团。引力，而不是辐射压，从此成为决定宇宙的命运的作用力。

因为宇宙背景辐射的光子此时最后一次与物质发生作用，它们应该能揭示当时的物质在整个宇宙中是如何分布的。早在 1968 年，理论学家约瑟夫·西尔克（Joseph Silk）已经指出对宇宙背景辐射温度的测绘能让我们看到大爆炸后 38 万年的团块，那是星系形成过程正在启动。

---

① 质量为 m 的物质的静止能量可以由著名的爱因斯坦质能公式给出，即 $E=mc^2$，其中 c 是光速。

“这些团块将会极度引人注目——正处于醒目的开端之处。”皮布尔斯说。早期宇宙里的物质密度略高于周围环境，光子必须从稍微强一点儿的引力场里“爬”出来，它们会损失能量，呈现红移。这种引力效应是爱因斯坦 1915 年预言的。这种引力效应在天空中形成“冷斑”，此处天区的宇宙背景辐射温度略低与其他地方。类似，“热斑”表示在早期宇宙中，这里的密度略小于平均密度。总而言之，背景辐射携带有大爆炸后不久的宇宙的印记。

宇宙是由瑞士乳酪构成的

“经过多年的实验之后，大爆炸辐射的平滑性才被理解”，威尔金森说，“有整整 10 年，除了布鲁斯·帕特里奇和我，没有人做任何事情。”

其实也有其他天文学家参与其中，但他们没能找到对绝对平滑性的丝毫偏离。假警报很多。弗朗西斯科·梅尔基奥里（Francisco Melchiorri）领导的一个意大利研究组宣布过在宇宙背景上找到了一个“热斑”。英国焦德雷尔班克（Jodrell Bank）射电天文台罗德·戴维斯（Rod Davis）领导的一个小组也做过同样的事情。戴维斯当时正在加那利群岛的山顶上进行实验。这两个研究小组都不得不撤回了他们发现，承认犯了错误。

甚至戴维·威尔金森也没能对此类错误免疫。“我们与意大利人同时报告说看到了一些东西，”他说，“但我们被来自星系的射电辐射给愚弄了。”

直到 1989 年，经过二十多年的艰苦观测，除了由于地球相对运动引起的偶极效应，天文学家们依然未能探测到全天大爆炸辐射温度的任何变化。这种均一性看上去似乎在暗示，大爆炸后约 38 万年当辐射产生时，宇宙中的物质分布是完全彻底均匀的。这就提出了一个令人极度窘迫的问题，因为今天的宇宙中物质分布绝不是均匀的。那么，今天的星系和星系团是怎么形成的?

在 20 世纪 80 年代，这个问题开始让理论学家们大伤脑筋。并不是只有前述实验家们发现宇宙背景辐射，亦即早期宇宙的物质分布平滑得令人惊奇，与此同时，测绘星系在太空中分布的天文学家们也发现，今天的宇宙中物质分布也比任何人所想象的更加均匀。

这些天文学家开始使用被称为电荷耦合器件（CCD）的敏感电子光学探测器。20 世纪 70 年代，CCD 的引入带来了天文学的重大革命，这一点还不为公众所知。相对于天文学家传统上用在望远镜上探测宇宙的照相底片，CCD 实在太优越了。照相底片仅能记录来自望远镜收集的光线的约 1%，而 CCD 能捕获几乎 100%的光子。用 CCD 替换了照相底片，望远镜的灵敏度立即提升了 100 倍。这也意味着有可能研究那些更加暗淡，因此离我们更远的星系，这是史无前例的。

使用装备了 CCD 的大型望远镜，一些天文学家测绘了在很大宇宙体积上的星系的分布情况。他们发现宇宙中有各种复杂的结构。星系在巨大的链或面上成团，它们围绕着真空构成的大空洞，空洞内几无星系。这种结构像极了瑞士乳酪。

这些星系团和空洞的起源，是宇宙学中最大的问题之一。它很难与宇宙微波背景的证据（早期宇宙惊人的平滑）取得一致。如此复杂的结构怎么才能从如此简单的开端演化出来？微波背景辐射的证据说明，按理说，我们的银河系不应该存在。

其他天文学家利用 CCD 探测太空深处，发现了越来越远的天体。它们是类星体，是新生星系明亮暴烈的核心。以物质被“超大质量”的黑洞所吞噬提供能量，类星体能够在极大距离上被看到。到 20 世纪 90 年代初，发现的类星体离我们太远了，它们的光在到达我们之前已经度过了大部分的宇宙历史。实际上，我们看到的一部分形成于大爆炸之后 10 亿年左右。

同样的，这些观测也非常难与宇宙背景辐射的证据保持一致。类星体怎么可能在 10 亿年左右就从冷却的火球中凝聚而成，而火球辐射没有显示出任何成团性的任何迹象？

跃出大气层

宇宙背景辐射已经提出了两大愁人的难题：它看上去太平滑了，它的光谱上有一个特别的凸起，理论学家都无法解释。做到目前这样已经用了将近 25 年时间，进展之缓慢令人痛苦。如果要想解决这两个难题，那么就有必要到我们发光的大气层之上去。大气层只是薄薄一层，就像是苹果上的苹果皮的厚度，但它挡在了天文学家和宇宙学的最高奖赏之间。每个人都很清楚，要解决火球辐射疑难所需要的是一只在大气层之外的眼睛，需要在外太空进行实验！

第二部分
宇宙学的黄金时代

第十章　跳出大气层

——美国宇航局决定一劳永逸地解决这个问题

纽约的戈达德太空科学中心是个非常不浪漫的地方。但是，在 1974 年的一个夏日，这个坐落在上曼哈顿的单调的办公楼成了一个不要太浪漫的会议地点。那天有 7 个人在此聚会，提出的问题不是别的，而是追求宇宙学的圣杯。

促成这次会议的是约翰·马瑟（John Marther），一位从研究生院毕业才 6 个月的瘦瘦高高的年轻天文学家。东迁到纽约之前，他已经在伯克利跟保罗·理查兹一起进行气球实验，开始宇宙学研究生涯。推动他安排这次戈达德会议的是《机会公告（AO）6&7》，美国宇航局对太空新项目征求建议的公告。

“显然任何人都明白卫星对探测微波背景有巨大的优势。”戴夫·威尔金森说，他也是与会的 7 位天文学家之一。不仅卫星搭载的仪器观测宇宙能够不受气候影响，而且观测是不间断进行的，在轨道上吸收着宝贵的背景辐射光子，连续观测几个月。“卫星将会妥善地、令人信服地解决这个问题。”威尔金森说。

在接下来几个月里，马瑟和他的团队，包括威尔金森和麻省理工大学的雷·韦斯，完成了用卫星搭载四个独立实验装置进入地球轨道的建议。这些实验仪器之一能够比任何人所梦想的都更好地测量大爆炸辐射的光谱，另一个能够扫描全天的微波背景，寻找与绝对平滑的最微小的差别。

“当我们提交这项建议是，我才 28 岁，所以我不敢说我真的是严肃对待它的，”马瑟说，“但我知道一点：这项实验所依据的理念是非常优秀的。”

适逢其会的理念

数百份太空探测建议书涌入了美国宇航局，但马瑟研究团队才是幸运儿。毕竟，美国宇航局自己的几个科学委员会已经确定，观测宇宙诞生的太空观测任务才是宇航局要执行的项目。这类任务不可能在地面上完成，只能在太空进行。它们对于基础科学也非常重要，讨论的课题不是别的，而是宇宙的诞生，是所有时代最剧烈的一次爆炸。

美国宇航局也精明地意识到，这个项目能够抓住公众的想象力。“每个人都想知道我们为什么会在这里，”马瑟说，“而这正是我们想要回答的问题。”但马瑟和他的团队所不知道的，还有其他人也把目光放在宇宙大爆炸上。在运送到美国宇航局总部的那好几袋太空探测建议书里，还有两项是关于发射卫星进入轨道来探测暗淡的创世余辉的。一项来自萨姆·甘克斯（Samuel Gulkis）领导的研究组，他们来自加利福尼亚州帕萨迪纳的喷气推动实验室。另一项来自加州大学伯克利分校的路易斯·阿尔瓦雷斯（Luis Alvarez）和他的同事。

阿尔瓦雷斯是一位具有传奇色彩的物理学家：他是诺贝尔奖

获得者，在第二次世界大战期间从事研发原子弹和雷达。在他多彩的职业生涯里，他曾经利用来自太空的天然X射线发现了卡夫拉金字塔里的密室。他还开了一家公司，制造可变焦的隐形眼镜。[①]

像阿尔瓦雷斯这样极具才干的科学家瞄准大爆炸辐射的测量，进一步强调了它对于科学的重要意义。

阿尔瓦雷斯和古尔金斯都想寻找微波背景中对平滑性的微小偏离——这只是马瑟更具雄心的建议里一个子项。“很显然我们的建议有所重叠。”马瑟说。

美国宇航局不得不在相互竞争的微波背景观测建议方案之间做出选择，它拿出了一个干净利落的解决方法，从三个项目中各选择一位研究人员组成项目组。

这时，阿尔瓦雷斯选择了退出。这个项目现在比他最初想象得要庞大得多，而时年65岁的他强烈怀疑自己可能无法活着完成这个项目[②]。他提名了一位叫乔治·斯穆特（George Smoot）的年轻的伯克利研究人员来替代他。

斯穆特注定将成为这个团队里最具有争议性的人物。

宇宙背景探测器

这颗卫星被正式命名为“宇宙背景探测器”（简称COBE），基本上采用了马瑟的建议，带着三套实验设备飞到总是惹麻烦的大气层之上。卫星保护实验设备不受来自太阳和地球的光热的危

---

① 到1980年，阿尔瓦雷斯将会登上全世界的报纸头条新闻，他宣布找到证据表明，6500年前，是一次巨大的小行星撞击使恐龙灭绝。

② 阿尔瓦雷斯是对的。他在1988年去世，这是COBE发射的前一年。

害，给它们提供电力，并把数据传回地面。

观测设备之一——远红外绝对分光光度计（FIRAS），由马瑟在伯克利用气球承载的仪器直接发展而来，它将产生比以往任何人所见的好一百倍的大爆炸辐射光谱，以便检测它是否真的是黑体谱。

观测设备之二——散射红外背景探测器（DIRBE），寻找从大爆炸之后的冷却气体中形成的第一代星系发出的红外光。

观测设备之三——差分微波辐射计（DMR），由乔治·斯穆特和菲尔·卢宾，以及戴维·威尔金森曾使用的仪器发展而来。它将以超乎寻常的灵敏度测绘宇宙微波背景的亮度，寻找任何最微小的不均匀迹象。

1976年，美国宇航局选择戈达德太空飞行中心作为后续研究的中心部。在接下来的十五年里，这个位于华盛顿特区郊外格林贝尔特的庞大的机构将成为COBE总部。在这里工作的人们每天为这个项目做出伟大的努力。

1982年，经过一系列可行性研究，美国宇航局最终给了放行信号，许可项目组开始建造COBE，发射时间最终确定为1989年。

确定COBE的轨道绝非易事。这些灵敏的仪器必须尽可能避开太阳，而且还得在一年时间里扫视整个天空。戈达德的工程师们选择了极地轨道，也就是让卫星不停地飞越地球两极，并保持在日夜边界附近。这个轨道将逐渐漂移，所以仪器最终能够扫遍整个天空。

工程师们还得找到一种方法在卫星穿梭太空时控制它的指向。因为一旦它灵敏的设备指向了太阳或地球附近任何区域，设备就会变成瞎子而报废。“姿态控制系统”确保这种情况永远不会发生，这是戈达德工程系统的绝技，项目组戏称之为“第四观测设备”。

航天飞机强买强卖

一旦确认 COBE 将进入极地轨道，发射卫星的运载工具也就决定了。美国宇航局拥有的非常可靠的不可回收火箭——德尔塔火箭——正适合所需。“这个项目的一切设计都需要德尔塔火箭来发射。”威尔金森说。

但美国宇航局另有打算。到了 20 世纪 80 年代，宇航局不顾争议强硬地指定以可重复使用的航天飞机作为它的太空活动“坐骑”。“这就是把所有的鸡蛋都放在航天飞机这个篮子里。”查尔斯·本内特说，他在 1984 年加入了 COBE 项目组。虽然项目组反对，但美国宇航局坚持用航天飞机来发射 COBE。“宇航局只是不希望在运载工具上出现竞争。”威尔金森说。

当时，航天飞机都是从佛罗里达南端的卡纳维拉尔角发射，从这里是不可能把负载送入极地轨道的。但美国宇航局指出，它正在计划建设第二个航天飞机发射基地，地点在加利福尼亚沙漠里的范登堡空军基地，从范登堡就有可能把卫星发射到极地轨道上。

项目组严重担忧，已经计划好了发射时间地点的仪器，届时会不会还停留在绘图板上。但美国宇航局已经发话，并已经为这个项目支付了 6 千万的账单。马瑟的项目组让步了，为了用航天飞机发射而开始重新设计 COBE。

对卫星的改动可非同小可。“美国宇航局迫使我们接受航天飞机，这是一个极大的伤害。”威尔金森说。比如，COBE 卫星现在需要在身上再捆一个火箭，用来把卫星从航天飞机的货舱里发射到极地轨道去。因为航天飞机只能把自己发射到地球上空300千米处，但COBE卫星极地轨道有900千米高。

用航天飞机发射还带来了其他担忧。比如航天飞机货舱中的气体可能会污染卫星，由此产生的额外的辐射可能会淹没来自宇宙背景的暗淡信号。但1983年1月有一件事给这个项目组的士气提供了急需的推动，这时候美国宇航局成功地发射了红外天文卫星（IRAS）。“IRAS在发射队列里比我们靠前，所以你能想象，我们急切地盼着这个卫星发射”，马瑟说。

但还有个理由让他们希望看到IRAS成功。与COBE一样，IRAS也携带了一个巨大的保温瓶，里面的液氦用于给设备降温，保证仪器的灵敏度。液氦的沸点只有4.2开，就算是最有利的情况下，它也不是最容易对付的物质。“之前还没有人在太空里用过液氦，”马瑟说，“所以人们担忧这项技术可能无效。”

挑战者号失事之后的挑战

但是，IRAS卫星取得了巨大成功，返回了宇宙中最寒冷天体令人惊叹的照片，从刚诞生的恒星到气体和尘埃组成的横跨太空的巨幕。“液氦技术通过了最严苛的检验，”马瑟说，“我们所有人都长出了一口气，轻松了。”

到1986年，COBE已经大致完工。但1月28日，挑战者号航天飞机在佛罗里达蔚蓝的天空里爆炸成了成千上万片燃烧的碎片。当可怕的事故照片在全世界的电视屏幕上闪烁时，COBE项目看来也要报废了。美国宇航局不仅把所有的太空项目无限期推迟，而且先是搁置、然后完全放弃了在加利福尼亚建设第二个发射场的计划。“那对每个人都是惨痛的时刻，”威尔金森说，“戈达德的工程师们已经造好了 COBE 卫星的绝大部分硬件。”

但这个项目的希望还没有完全被粉碎。挑战者号失事之后，美国政府决定尽快继续推进航天事业，证明美国宇航局依然能够成功发射卫星。“清单上有好大一长串卫星项目等待发射呢，”本内特说，“每个人都想把自己的实验设备送上太空。”

美国宇航局面临的是一项艰难的工作。“它的预算有限，”本内特说，“太空项目有那么多，有些令人痛惜的决定必须要做。比如把什么项目无限期推迟？哪些项目完全取消？”

COBE 项目组转而寻找替代的发射工具。“对我们来说已经很明确，如果我们不放弃航天飞机，它可能就永远不会发射升空了。”本内特说。项目组考虑过搭乘法国的阿丽亚娜火箭，他们甚至考虑去跟俄国人谈一下。“在那个时候，跟俄国人打交道可并不像今天这么容易。”

但最后，他们又回到了最初的选择上——可靠的德尔塔火箭。这挺讽刺的，COBE 最初的设计就是为了用德尔塔来发射，然后为了用航天飞机发射而更改了设计，经历这一切之后，项目组又一次开始为了德尔塔火箭设计。这足以让任何人崩溃了。

到 1986 年年末，马瑟和项目组已经制订了新的计划。计划包括把卫星的重量减半，并且把卫星的各个器件折叠起来以便挤进德尔塔火箭顶部的护罩里。“我们去了美国宇航局总部，陈述我们能够重新建造 COBE，在短时间内用德尔塔发射，”本内特说，“当然，很多其他项目也来说了同样的话。这真是一场疯狂的竞争。”

把重量减下来是 COBE 项目组面临的最大挑战。“我们为航天飞机设计的卫星重量为10 500磅，而德尔塔火箭发射的最大重量是5000磅!”

所以COBE重新适应德尔塔火箭如果可能的话，那也是一个奇迹。“幸运女神青睐了我们，美国宇航局选择了COBE作为第一优先选择，与哈勃太空望远镜同等级，”本内特说，“宇航局认为这个项目科学基础坚实，也确实激动人心。用时髦的话来说就是‘性感’，能够抓住公众的想象力。另外就是他们相信我们能够迅速完成。”

1987年年初，美国宇航局给COBE开了绿灯，只提一个条件，卫星必须在两年内准备好上天。“两年对于重新设计、重新制造、重新测试一架航天器并不是很长时间。”本内特说。

灯火通明到黎明

COBE项目组兴高采烈。唯一的疑问是对卫星的这些改动能否及时完成。“戈达德工程师在改装卫星的工作上令人感动，”威尔金森说，“没有他们，COBE必死无疑。”

卫星不再需要自身携带推进系统了，因为那是为了从航天飞机的货舱里起飞准备的。推进系统立即被拆掉了。“这就一次减轻了2000磅。”本内特说。

但其余的待减重量成了大问题。幸运的是，用来盛液氦的600升的巨大保温瓶和三个灵敏的实验设备刚好能够挤进德尔塔的防护罩里。所有的电子器件依然能够匹配。但卫星的整体骨架必须完全重新建造。

有人灵光一闪，意识到那个旧的卫星框架（主要是一个巨大的金属支架，方面把其他东西焊上去）可能在别的地方回收利用，就把它卖给了另一个计划利用航天飞机的项目组。现在必须制造一种能够折叠的框架，到了太空再打开。比如，COBE 需要一个倒装的伞悬挂在下方，从而屏蔽来自地球的光热、雷达和电视信号的危害。这种“地球防护罩”必须可以在轨道上展开。但使用太空展开技术是一件很冒险的事情，“如果它打不开，你就完了，”本内特说，“你不可能登上太空去修理它。”

在两年半的时间里，重新建造 COBE 卫星是戈达德中心的主要活动。为了改装它，工程师和技术员们两班倒，周末无休，格林贝尔特的灯光经常亮到后半夜很晚。“参与这个项目每个人都感到非常骄傲。”本内特说。

虽然只有约 50 个人从头到尾参与了这个项目，但前后做出贡献的人员超出了 1000 名。“你需要确定用哪一种胶水把各种器件黏合在一起，”本内特说，“好，某个人是这方面的专家，那就请他来。”

对 COBE 卫星最微小的细节付出的关注是惊人的。“我永远不会忘记我们开了两小时的那次会议，”本内特回忆说，“我们在讨论一颗螺钉——就一颗螺钉。它应该有多长？每英寸有几根螺线？它应该朝哪个方向旋转？”

“在参与 COBE 卫星的工作之前，我总以为制造太空实验设备的人用了太多的时间担心荒谬的细节了。但一枚火箭花费是 6 千万美元。你不可能随随便便发射好几枚火箭。这些设备都复杂得令人难以置信。保证每个元器件都正常工作真是个奇迹。”

对实验设备至关重要的是冷负载（液氦）。它能够帮助比较宇宙背景辐射谱到底有多接近黑体。项目组最终选择了一个黑色的锥体，把它放在一个金属板上，焊接在一起形成了液氦的保温瓶。

保证COBE卫星成功的一个重要因素是，这个项目的工程师和科学家们彼此频繁交流。包括马瑟和本内特在内的一些科学家，一直待在戈达德，和工程师们一起做出每一项决定。“COBE是一个足够小的项目，所以进行这样的互动是可能的，”本内特说，“在大型太空项目上，科学家们只是填写‘需求文件’，把它交给工程师，然后工程师就自己去制造航天器。”[①]

COEE卫星成功的另一个因素是像马瑟和本内特这样的科学家的贡献。他们专心致志地投入这个项目，几乎不参与其他工作。他们因此解放了其他人，比如戴维·威尔金森能够继续从事自己的实验项目。因此威尔金森等人能够跟踪这个快速发展的领域的前沿动向，了解宇宙背景实验中容易犯的更多的错误。“我们一直在改进我们实验，”威尔金森说，“因此COBE能够利用得上。”

在宇宙微波背景辐射的微弱信号里，总有研究者们没预料到的东西隐藏其中。有一次，威尔金森和一个研究生放飞气球，上面有一个小小的金属开关导致整个实验失败。当气球在风中飞行时，这个开关切割地球磁场，导入了虚假的电流信号。COBE开关因此设置了磁场屏蔽来避免这个问题。

对威尔金森来说，经历了COBE项目的诸多挫折和妥协之后，气球实验让他能够呼吸一下新鲜空气。他在这里能够“完全自主”。“戴维在COBE项目中一直避免卷入日常工作，”马瑟说，

---

① 这种工作模式可能是造成了哈勃太空望远镜这个大型项目出现问题的原因之一，哈勃望远镜于1988年升空，结果变成了“斜视”。

“他每年参加我们的几次会议，帮助思考我们该做什么，但他并不尝试自己去做。”但对马瑟等深度参与的人来说，COBE 是需要不断努力的工作。

摇晃、颠簸、翻滚

当所有器件制造完成，就到了测试时间。实验设备必须不仅能够挺过发射过程的严苛考验，还得适应严峻的太空环境。

火箭发射是一件难以置信的暴力事件。把装备放在火箭上，就好像在它下面放了一枚炸弹。德尔塔火箭在不同位置都有“加速度计”，因此工程师们知道在发射过程中火箭每个部分精确的摇晃程度。

戈达德一座建筑里有个平台，在这里实验设备就像真的火箭上一样经受晃动考验。“你可以通过一扇厚厚的窗户进行观察，”本内特说，“你不能待在同一房间里，房间里的噪声足以毁掉你的耳朵。”

项目组制造了模拟设备，把它们焊接在了实验平台上。实验平台的晃动程度比真实情况还要大，这是为了保险起见。当没有东西掉出来时，他们再把真的设备放到平台上，开始祈祷。“那看起来太吓人了，”本内特说，“你先是努力制造出这些精妙的实验设备，然后再死命地摇晃它。”

实验设备通过了检验。接下来就该摇晃整个卫星了。项目组的一些人不忍亲眼目睹这一幕。他们站得远远的，浑身发抖，咬着嘴唇，相信总会出现什么差错。“你根本不会认为有什么东西经过那样的摇晃之后还能完好无损，”本内特说，“要是把你的电视机那么摇一摇，它就会变成一堆垃圾。”

COBE卫星胜利地通过了考验。“摇晃实验是一件大事，”本内特说，“重新设计的卫星应对振动应该是特别脆弱的，因为它比我们原计划的要轻得多。”

第二项大测试是加热检验，是在戈达德中心的太阳环境模拟器中进行的。卫星被放入真空室里以模拟太空，暴露在光和热之下以模拟太阳。仪器不仅要承受这种煎熬，而且还要正常工作。

加热检验持续了整整一个月。“那个月里我们很多人都睡不好觉，”本内特回忆说。他已经提前制定了平滑性实验的测试进度表。这是很有必要的，比如检查卫星的电池工作效果如何，它的姿态控制系统是否如预期一样起作用。

COBE项目组挺过了测试进度表，但偶尔有人会拿到无法理解的测试结果，所以他们就需要更多时间。本内特被迫一直修改进度表。“出了太阳环境模拟器之后，你不能立刻再回去做一次，”本内特说，“所以你必须很快地进行分析……我无法解释这项工作多消耗精力。后来，你会感觉所有精力被熬干了。”

另一件必须处理的事情是，保证COBE卫星各实验设备之间不会“彼此交谈”。卫星必须搭载一个无线电发射器，以便把数据传输回地球。“我们这些设备都是极端灵敏的，但在它们中间就有一个好几瓦的发射器！”威尔金森说。但这个发射器的功率看来不曾泄漏到实验设备里。一切都OK！

COBE最终安然无恙地通过了所有的测试。但老天似乎还没有折磨够COBE项目组的神经，就在发射之前几个月，他们遇到问题了。负责把冷负载运进运出FIRAS光谱仪喇叭形天线的机械臂无法就位。

巨大的保温瓶已经装满了超级冷的液氦。尽管如此，没有办法还是打开盖子，取下冷负载，安装一条新的柔软的电缆，再一起放回去，并再次冷却。“这一下就花了好几个月。”马瑟说。

“哦，不，它炸了！”

最终，经过两年半无休止的工作，一切就绪了。COBE 卫星的建设花费了庞大的 1600 人·年，总共用掉了 6 千万美元。

折叠起来的卫星就像一个鼓形，直径 6 英尺，高 12 英尺。在太空里，太阳电池板完全打开后，展开长度约 20 英尺。

发射日期定在了 1989 年 11 月 18 日。前一天晚上，项目组大部分人飞到了洛杉矶以北 100 英里的范登堡空军基地。“他们在凌晨 3 点或者类似的反人类的时间就把我们叫醒了，然后上了一辆公共汽车，”本内特说，“外面冷死了。我记得在车上努力让自己暖和点儿。”

当公共汽车把他们放在离发射台大约 1 英里的田野时，离黎明还有一段时间。“发射时间还有 1 小时多，他们送到的时候太早了，”本内特说，“当然，也不保证发射会不会被推迟。”

田野上聚集了一大帮人，到处洋溢着激动。戴维·威尔金森也在其中。他从一开始就参与到项目中来了。他也是唯一一位跨越了整个宇宙背景观测史的实验家。站在他身边的是他的“秘密武器”。“我想，我父亲大概是唯一看到 COBE 出现感到悲伤的人，”威尔金森说，“这意味着我们得放弃气球运动了，他以后再也不能来帮忙了。”

在人群中边跺着脚取暖边等待的，还有拉尔夫·阿尔弗和罗伯特·赫尔曼。马瑟特别强调要邀请他们。现在，每个人都认可是他们在 1948 年就预言了大爆炸辐射的存在。

“那是最令人不安的时刻，”本内特说，“等待发射的时候不好过。”德尔塔火箭是所有发射运载工具中最成功的，但也难免有失败的时候。“我们生命中有好几年都花在它身上，”他说，“它要么大获成功，要么就毫无所得。”

“我们十指交叉，不停地祈祷，”威尔金森说，“有太多的因素可能出问题了。在卫星上有 600 升液氦。卫星必须进入一个很高且复杂的轨道，它必须准确定向，快速旋转。卫星外罩必须脱离，地球防护罩必须弹出……”

破晓时分，一道格外明亮的亮光在青天之下闪现。本内特倒抽了一口冷气。他本以为会首先听到巨大的声响。“我第一个想法是，‘哦，不，它炸了！’”但一切都还好，“我想那些见过多次这种场面的人知道这很正常。”

随着刺目的亮光开始稳定地向天空爬升，所有人都放松了。经过 15 年的努力，COBE 终于踏上了征程。“看到它划过天空——那真是一道美丽的风景。”本内特说。

他没有继续等待。当火箭消失不见的时候，他冲进了汽车。“我必须赶回戈达德，”他说，“我是启动平滑性实验设备并进行检验的负责人。”

本内特加速穿过沙漠。“太开心了。我开车经过洛杉矶时，听到汽车广播里新闻报道正在讲 COBE 是做什么的。那是我的主要信息来源。广播报道了这次成功的发射。然后，就在我到达机场时，我听到卫星已经成功入轨，太阳能电池板开始工作。”

本内特用机场的付费电话与戈达德中心通了电话。当他到达控制室的时候，他们告诉他一些工作正常。COBE 已经抵达距离地面 900 千米的轨道。它正在围绕地球运行，一天 14 圈。它每

72 秒绕自己的轴转一圈，每 72 秒会看到一颗小小的、漂浮的星星闪亮，然后消失。在地面上的夜里，日落之后会看到它自南向北飞行，或者黎明前看到它自北向南飞行。

COBE 醒来了，睁大眼睛观察微波宇宙。

第十一章　9分钟的光谱

——COBE卫星获得起立喝彩

当约翰·马瑟走进礼堂的时候，他被欢迎他的目光震惊了。他原本预期也就是50个人来听他的报告。实际上，来的人都只能站着，超过1000个人把礼堂挤得水泄不通。

这是1990年1月13日，COBE卫星刚进入太空6星期。美国天文学会在弗吉尼亚州水晶城开年会，马瑟来报告COBE的第一个结果——基于对天空观测9分钟的微波背景谱。

马瑟尽量保持冷静。他开了准备好的5分钟演讲，解释了这个实验的目的，然后是项目本身的情况。最后，他把一张幻灯片放进头顶上的投影仪，图像被投射到大屏幕上。

“这就是我们的光谱，”他说，“小方格代表我们测量到的点，这里穿过它们的是黑体曲线。正如你们所看到的，我们得到的所有的点都位于曲线上。”

“一开始，整个大厅静得连针掉在地上都能听到，”布鲁斯·帕特里奇说，“然后观众们嘀咕了一会儿。接下来人们开始鼓掌。

然后大家都站了起来，疯狂地鼓掌，热情高涨!”[①]

“我从来没有在科学会议上见过这样的事情，”查尔斯·本内特说，“之前从来没有，之后也没有。”

在屏幕上是所有人都没有见过的最完美的黑体谱。没有任何一个点与穿过它们的迷人的曲线偏差超过1%。

“那是一个美妙的时刻，”帕特里奇说，“那光谱绝对是太壮观了。之前已经有小道消息说它非同凡响，但COBE项目组成功地保密了它的情况。”

马瑟当时对观众欢呼的反应不是高兴，而是尴尬。“我担心他们是为我鼓掌，”他说，“我想告诉他们不是我自己完成了这个工作。COBE是一个团队的努力结果。我做了一部分，但还有上千人为了它日夜工作。他们为了这项工作连家人都没顾上。”

但马瑟不需要担心。人们不只是为他而欢呼。他在为一项精彩的实验而鼓掌。他们欢呼是因为在这个礼堂没有人曾目睹如此完美的实验结果。大自然通常不会表现得如此简单，它通常是很凌乱的。

COBE看到了本质的东西，它剥离了宇宙所有令人困惑的复杂性。在时间开始的时候，一切都简单得令人窒息——比任何人的想象都更加美妙。

“欢呼很大程度上是一种放松，”马瑟说，“科学家们松了一口气，宇宙正是每个人所希望那个样子。”

在那个光谱中，没有伯克利-名古屋研究组发现的那个凸起

---

① 美国时任副总统丹·奎尔在这次水晶城会议上发表了关于美国宇航局太空政策的重要演讲，但观众人数和掌声反应都平平。

的迹象。“当时每期《天体物理学杂志》上都有三篇文章猜测它到底是什么，”本内特说，“但根本不存在那么复杂的东西。”宇宙中没有另一次的光辐射大量释放，无论是来自微观粒子衰变还是一代早期恒星爆炸。宇宙背景辐射几乎全部直接来自大爆炸①。

以往猜测，早期宇宙可能很复杂，它各处的温度和其他特性可能变化非常巨大。但并非除此。早期宇宙难以置信的简单。你所要知道的只有一个参数——它的温度——你所知道的一切通过它都能知道。

并不是所有曾经做过背景辐射工作的人都参与了水晶城会议。比如，戴维·威尔金森就回到了普林斯顿，他在同一时间也做了一次关于 COBE 辐射谱的演讲。另一位著名的缺席人是罗伯特·威尔逊。

讽刺的是，这位大爆炸辐射的共同发现者实际上出席了水晶城会议，但在前一天决定回了家。COBE 项目组也没有想起来要提醒他。当威尔逊最终看到这个光谱时，他像其他人一样为之而倾倒。“它简直不可思议，”他说，“我从未想过我会见到这样好的光谱。据我看来，它终结了关于背景辐射是否真的来自早期宇宙的争论。”

我知道一个秘密

实际上 COBE 卫星在 12 月初就获得了这个光谱，当时它刚发射没多久。但 COBE 项目组决定保密。“这些人的压力是巨大，”帕特里奇说，“每个人都知道如果一切工作正常，一旦外罩

① 实际上，COBE 最终将会发现宇宙背景谱与 2.726 开的完美黑体差别小于 0.03%。这意味着 99.97%的宇宙背景能量是在大爆炸之后一年内释放出来的。

分离、探测器启动，10分钟之内他们就会知道光谱是什么样子。”

COBE项目组决定将光谱秘而不宣的理由是，成员们达成了共识：在所有人都觉得好并一切就绪之前，任何人都不许透露任何结果。这样项目组就能够一次次检查结果，来确保其中绝对没有错误。这样也能在宣布任何声明之前有时间准备一篇严密的科学论文。

戴维·威尔金森还记得他看到光谱的第一眼。那是在普林斯顿的电脑屏幕上。那是项目组成员埃德·程（Ed Cheng）从原始数据中生成之后，通过电子邮件寄给他的。

“看到这个光谱真是令人毛骨悚然，因为在过去25年里，一次只能观测一个点，”威尔金森说，“而这个光谱上每一个点都能作为一篇研究生毕业论文。”

“卫星上所有一切都完美地工作着。有了用气球工作的那些痛苦经历之后，它简直是奇迹。如此复杂的玩意儿竟然真能运转!”

威尔金森在普林斯顿的办公室与皮布尔斯和迪克的办公室相邻，但由于项目组的发表策略，他不能向他们任何人展示这个奇妙的光谱。近6星期时间里他都跟皮布尔斯和迪克一起喝咖啡，但都没有泄密。

“我最终在官方声明前几天，向吉姆展示了它。”威尔金森说。皮布尔斯对威尔金森出示的光谱并不是完全吃惊，“戴维当时得意洋洋地咧嘴笑着走过来，我就知道结果看来非常之好。”

不过，虽然皮布尔斯期待看到好的结果，但仍没有准备好看到如此完美的光谱。“戴维已经把这个光谱在口袋里捂了一段时间了，”他说，“当他最终拿出来给我看的时候，就像在变戏法，那是你生命中永远都会记住的令人震惊的时刻之一。”

“COBE 项目组对它进行了保密，直到他们绝对确定了这个结果。这表现了即使在科学家群体里也不常见的一种慎重态度。通常科学家们都会匆匆忙忙地拿去发表了。”

皮布尔斯承认他从未预料能见到如此完美的光谱。“在真实世界里，你测量自然界中的任何量，总会有误差——测量会‘分散’真实值，”他说，“令人震惊的是，光谱被‘分散’得如此之小。”

威尔金森第一眼看到光谱时，也同样吃了一惊。“我们很多人都期待看到伯克利-名古屋凸起。”他说。他追问过在伯克利跟保罗·理查兹一起工作的安德鲁·兰格（Andrew Lange），但兰格也说不出来到底哪里做错了。

“他们也很小心，”帕特里奇说，“不过他们被自然给欺骗了。”

“产生这个凸起是非常困难的，”威尔金森说，“我们知道，如果它是对的，我们就得去发明某种新物理学，或者在宇宙故事中添加相当惊心动魄的一章。”

皮布尔斯从未相信过伯克利-名古屋凸起，这是他为自己而骄傲的。就在 COBE 结果发布之前的一次微波背景会议上，他记得人们花了很长时间来讨论这个凸起。“但与会的理论学家们任何人都没能给出令人信服的解释，”他说，“这让我感觉很好，因为它根本就不存在。”

但几乎没有人觉得这种艰难的理论构建过程是一种浪费。“他们思考了大量可能引起这种凸起的原因，”威尔金森说，“这是一种很有用的练习。”

帕特里奇同意这种观点。“它扮演了就像稳恒态理论一样的角色。”他说。

马瑟对COBE项目，也就是对自然更有信心。“这个光谱正是我认为它应该具有的样子，”他说，“宇宙背景辐射确实主导早期的宇宙。对应每个物质粒子，都有100亿个光子存在。如果你想破坏这种完美感，每个物质粒子就得产生更多东西。很难想象这种情况怎么才能发生。”

从未见过的完美黑体

COBE光谱被大家称为在自然界中所能见到的最完美的黑体。但COBE项目组却不准备说得这么夸张。“COBE所做的只是把天空与我们所能做出来的最好的黑体相比较，”威尔金森说，“我们所证明的只是宇宙与我们的黑体是的一样！”

事实上，这种一致性正是COBE项目组对结果有信心的原因。“如果实验出了任何问题，我们都不可能期待天空与冷负载一致，”他说，“假如是冷负载‘模仿’了天空，而且两者都不是黑体，那简直是不可思议的！”

如果说COBE探测到了某种扰动，它也是完全不一样的另一回事了。“那离我们告诉大家还有很长时间，”本内特说，“我们会好奇，‘天空真的是这样的吗？还是冷负载出了什么错误？’因为天空和冷负载不太可能那么巧彼此吻合，所以我们对那个光谱有着巨大的信心。”

COBE项目组继续越来越精确地测量大爆炸辐射的光谱。“目前为止我们还没有发现大于1/3000的偏差。”威尔金森说。宇宙背景是真实的黑体，温度2.725开，偏差不大于峰值的

1/3000。

晚到了一个月的人

虽然COBE项目组有信心认为他们的光谱是正确的，但还需要其他实验来验证。说曹操，曹操到，验证试验比任何人预期的都来得快，这是由英属哥伦比亚大学的赫布·古什、马克·哈尔彭和埃德·威什诺完成的。

“古什是宇宙背景工作中的无名英雄，”布鲁斯·帕特里奇说，“多年以来，他一直在用有限的预算和很少的人手从事这项工作。”

前面已经提到了，在20世纪70年代，古什发展了发射探测火箭进行宇宙背景实验的技术。探测火箭一般直冲上几百公里，燃料用光之后骤然下落。火箭上的搭载的实验设备有几分钟时间能够从太空的极边缘窥探一下宇宙。原则上来说，当它们在地球大气层之上这几分钟，要比在风中飘荡10小时气球上搭载的仪器做得还要好。

古什率先用火箭进行了光谱测量。他在20世纪70年代实现了首飞，但总是为各种问题所困扰，最严重的问题来自火箭废气。

火箭是极其脏乱的怪兽，各种复杂的分子从废气中喷涌而出。“除非你特别仔细，否则你最终只能从一团浓厚的烟雾中去看宇宙。”威尔金森说。

古什以为他已经解决了废气问题。在实验装置包上，他加了一种“弹射座椅”。在到达正确的高度时，它应该能够把实验装置从火箭上完全弹开。但事情发展并不如他所愿。

1978年，在古什的第4次火箭飞行中，弹射装置被证明太虚弱了。“负载确实完全脱离了火箭，”古什说，“但在实验包上升时，火箭还有剩余的燃料在燃烧，从而超过了实验包。”这次试验在大气层之上待了7分钟，但只是通过冒着火星的废气浓烟的面纱在观测背景辐射。

一段光谱经过无线电从300千米高空传回了地面。它大部分都像是黑体，但在波长1毫米处有一个巨大凸起。这个凸起真的存在于背景辐射中，还是来自灼热的火箭废气？根本无从判断。

1980年，当古什开始设计他的第5个火箭实验时，更多的厄运和挫折正在等他。直到这时，他一直在加拿大马尼托巴省丘吉尔冻原上的一个发射平台上发射火箭。加拿大政府和美国政府联合支持这个项目。但在1980年年初，加拿大决定撤出对发射平台的资助。所以约10年之后，古什发射火箭时已经不再是加拿大，而是在美国新墨西哥州北部的沙漠里了。

1989年9月 也就是COBE卫星预定发射的前两个月，古什、哈尔彭和威什诺也几乎准备完毕。不过，他们首先得确定他们的实验装置包能从火箭发射的剧烈晃动中撑下来。他们把它带到加拿大温尼伯的布里斯多航空航天公司进行“摇晃”实验，它没能通过。

“只是在后来我们才发现，是布里斯多航空航天公司的工程师把那个实验装置包晃动得太野蛮了！”古什说。有些器件松动了。他们没办法只好返回温哥华，修理损坏的部分。“这项额外的工作花了我们5个月时间。”古什说。当项目组在实验室工作时，COBE已经发射，并开始观测微波背景。

最终，到了1990年1月，古什准备好发射了。他把实验设备带到了新墨西哥州的白沙导弹靶场。这是美国海军和陆军联合运营的一个基地。

在发射台上竖立着两级火箭，高度超过 120 米，在晨光中闪耀。古什的实验设备已经塞进了火箭的前锥体，这是一个圆柱形空间，高 3 英尺，直径 17 英寸。

当倒计时开始的时候，古什正坐在靠近发射塔的一个地下掩体中。掩体是用来保护观察员，以防火箭爆炸或者燃料从天上洒下来。

倒计时到零，火箭带着火柱冲上了新墨西哥州的蓝天。几分钟后，它达到了 300 千米高度，实验设备弹射成功。被冷却到仅有 1/3 开的灵敏探测器开始工作，宇宙大爆炸辐射潮水般涌入。一切工作都很完美。经历了 20 年的实验失败之后，古什终于做到了！

从火箭发射场返回的路上，马克·哈尔彭在科罗拉多州的阿斯本短暂停留，这里正在举行一场微波背景会议。这仅仅是马瑟在水晶城受到起立欢呼之后几星期。

“哈尔彭带来了一个美丽的黑体谱，”威尔金森说，“真让人震惊。”

自彭齐亚斯和威尔逊自 1965 年发现背景辐射之后，人们曾经尝试过数百个实验，屡战屡败，古什项目组就此获得了成功。但他做到这一点时，COBE 卫星已经在几星期前已经把这个战场一扫而空。

“如果没有 COBE，那就将是这条光谱获得起立欢呼了。”威尔金森说。

“他们历经反复尝试，最终获得了正确的结果。”马瑟说。

“我同情赫布·古什。”皮布尔斯说。

“我猜他们知道自己仅剩最后一次发射了，所以他们极度认真。”威尔金森说。

“这两项实验都持续超过 10 年，而且巧合的是几乎同时获得了成功，”皮布尔斯说，“如果赫布首先得到这个光谱，那么他将会获得戏剧性的成功。不过成功总是有先有后，其中一个必然将成为另一个的验证。”

像罗尔和威尔金森等这样类似的事例总是难以避免。1965 年，他们也一样在宇宙微波背景发现上获得了划时代的测量结果——但只是被他人抢了先！

不过，古什也是微波背景工作领域的骄傲。“我想这里重要的是，它几乎立即就确认 COBE 光谱。”皮布尔斯说。此后，没有人能够轻易地怀疑来自时间起点的辐射不是一个完美的黑体。

如果诺贝尔奖设有“坚韧不拔奖”的话，赫布·古什必然将会获得它。

第十二章 宇宙涟漪

——COBE卫星找到了星系的种子

测量微波背景辐射光谱只是COBE卫星的目标之一。一旦达成之后，所有的注意力都集中在了寻找大爆炸辐射存在任何不均匀迹象的巡天实验项目上来了。这个目标当时经常被称为“宇宙学的圣杯”。

卫星升空不久，COBE项目已经“浏览”了一小块儿天区，但什么也没找到，只有不间断的平滑信号。

到了1991年4月，COBE已经巡查了整个天空。它已经确认，由于我们的星系在太空中的运动，一半天空比另一半稍亮一些。但是，一旦去除了这个运动效应，在微波背景上就找不到热点了。COBE项目组总结认为，在大爆炸之后38万年，宇宙中没有任何区域的致密程度比其他部分超过万分之一[①]。

这时离帕特里奇和威尔金森第一次认真地开始搜寻大爆炸辐

---

① 实际上，本书中通用的38万年这个数值是当前估计的结果。在COBE时代，最后散射时期通常认为发生在宇宙开始后约30万年。

射的不均匀性已将近30年了，还没有人曾发现哪怕是最轻微的迹象——除了由于银河系运动所导致的扰动之外。早期宇宙的成团性印记在哪里？大爆炸之后，像我们银河系这样的星系的种子在哪里？

宇宙创生之后，物质在空间的分布之均匀令人吃惊；但在我们现在居住的宇宙中，充斥着恒星和星系，不均匀性引人注目。宇宙微波背景的平滑性看起来与我们居然能够存在这个事实相矛盾。

于是有人在嘀咕可能大爆炸理论是错的。但很少有天文学家那样认为。其实是当时对星系形成的理解错了。星系形成是附加给大爆炸理论的。这是一个重要的附加推论，但也不过是个附加而已。大爆炸本身实际已经无可置疑。毕竟，没有人能够否认宇宙正在膨胀，宇宙中充满了残余的热辐射。这两项观测结果强烈地表明，在遥远的过去，宇宙出现过一次猛烈的爆炸。

尽管如此，科学界还是开始感到不安。“如果COBE达到百万分之一的精度，看到的天空仍是完全平滑的，大爆炸理论就会有大麻烦。”戴维·威尔金森说。

观测仪器

COBE搭载的寻找背景辐射不均匀性的仪器是“差分微波辐射计”（DMR）。它由普林斯顿和伯克利研究团队在20世纪70年代曾使用的仪器直接发展而来，他们都发现了地球在太空前进的方向上微波背景要热一点儿（不到1开）。

DMR算不上非常复杂。除了一大堆电子系统，它实际上主要是一对呈“V”字形的微波号角天线。“V”形张角是60度，也就是说号角天线指向间隔为60度的两片天区。每片天区跨度约7度，相当于满月视直径的14倍。

电子系统能够比较两个号角天线所接收的信号。这样就能够测量两片天区之间微小的温度差。事实上，DMR非常之灵敏，它能够测量到0.000 01开这样微小的数值。

通过测量任意两点之间的温度差别，从而得到全天的温度变化图，这是一项漫长的工作。但COBE卫星在不停地移动，情况就完全不一样了。卫星不仅在绕轴转动，所以号角天线所观测的天区形成一个圈，而且卫星还在地球轨道上运动。轨道的逐渐变化，使这一对号角天线在一年内测量的不止两片天区，而是好几百万片天区。

初露端倪

运行一年之后，在1991年12月，DMR第一次完成了全天变化图的测量。它的每个号角天线都进行了令人难以置信的7000万次测量。COBE项目组开始寻找温度的涨落。每一次测量都像是一个巨大的拼图游戏的一小片。只有把所有的小片都拼在一起，全天温度图像才开始显现。这相当困难，只有借助强大的计算机才能够完成。第一个预见到这一点的是奈德·赖特（Ned Wright）。当时，戈达德中心的计算机还在慢条斯理地处理海量的数据。但赖特已经不耐烦了，他设计了一种方法来快速了解数据情况。他画了一幅草图，并展示给了项目组其他同事。图上遍布着冷、热团块。这真的是宇宙大爆炸之后38万年的景象吗？

起初，每个人都非常谨慎。“除了微波背景辐射，还有几十种情况能产生这种信号。”威尔金森说。

他们最大的担忧是，这种信号根本不是来自于微波背景，而是来自银河系。他们知道银河系在微波波段也在发光，所以COBE项目组必须估计这种光有多亮，并减掉它。因此他们在DMR上架设的号角天线不是两对，而是三对。这三对天线分别工作在3.3、5.7和9.5毫米。在每个波段有两个独立的接收器，项目组因此能够获得6幅全天图。COBE接收到了银河系在这个三个波段的干扰辐射。但银河系在最长的波段最亮。COBE项目组用这些观测结果消除了两个较短波段微波图上的银河系辐射。

银河系效应减掉之后，项目组确实得到了一幅包含冷、热团块的全天图。他们用彩色照片显示了COBE所见到的整个天空。淡紫色块表示看起来比平均要热一些的天空点，蓝色块表示较冷的区域。

有人曾称之为宇宙的“婴儿照”。但不幸的是，它不是一幅真正的137亿年前的宇宙照片。研究组知道最大的团块并不是由微波背景引起的，而是高灵敏探测器里活跃的电子引起的。

经过所有这些令人难以置信的努力之后，项目组得到了一幅图像，其特征部分来自天空，部分来自他们的探测器本身，而要分辨这两种效应几乎是不可能。

但COBE项目组并不绝望。他们早已知道情况必然如此。毕竟他们是在尝试一项科学上最为困难的测量，在过去四分之一世纪里，已经有几十位天文学家做出最顽强的努力都失败了。

唯一能确信它们是真正的冷、热点的方法，就是比较在3.3和5.7毫米波长的图像。项目组把图像投影到同一块屏幕上，从而能够将它们彼此重叠。然后交替分别显示。令人丧气的是，大部分点都改变了。如果这些是宇宙的真实结构，它们应该保持在同一位置。由于探测器中的电子导致的点是完全随机分布的，它们就会改变位置。项目组由此得出结论，他们看到的东西实际上是由探测器中的电子引起的。

但项目组还没有就此放弃。他们从没认为这项工作如此简单。在计算机的帮助下，他们仔细分析了两张图。他们发现在3.3和5.7毫米波长的图像中，有相当一部分结构确实出现在同一位置。实际上，它们出现的比人们所想象的更加随机。

COBE项目组最终发现了早期宇宙存在团块结构的证据。

不幸的是，他们无法确切地说明这些结构是什么。你不可能指出某个单独的点说，“这是早期宇宙的一个真实的团块”，而只能说，“统计分析”向研究组显示在不同尺度上涨落（或者说涟漪）有多大，尽管他们还不能做出一张图来展示亮点确切在哪里。

这些亮点比平均温度典型地高出十万分之三开。它们出现在各种尺度上，从COBE能够探测到的最小尺度（满月视直径的14倍）到最大尺度（全天的四分之一）。

讽刺的是，1983年，苏联“预报9号”（Prognoz-9）卫星搭载的“残迹1号”（Relict Ⅰ）实验恰好错过这个发现。但即使它发现点什么，是否有人会相信它的也结果也未可知。“残迹1号”的探测器仅仅工作在8毫米这一个波段，而且由于防护很糟糕，它还接收了来自地球的干扰辐射。

但COBE卫星接收到的信号也还存在是其他干扰信号的可能。在9个月时间里，项目组考虑了各种其他的可能性。但他们逐一否定了它们。没有任何一种信号能够贡献赖特所见到的这种信号的十分之一。

“我们整个春季都在争论。”威尔金森说。但在 1992 年 4 月，COBE 项目组确信在这些数据中肯定潜伏着什么东西。是时候该公布结果了。

宣布结果

COBE 项目组起草了一份新闻发布稿，几次提交给美国宇航局新闻办公室，又数次被退回。最终，每个人都满意了。

项目组决定随新闻稿一起发布一张照片。照片显示了整个天空，用淡紫色块表示天空看起来比平均要热的区域，而蓝色表示较冷的区域。

新闻发布会的时间和地点都确定了，定在 1992 年 4 月 24 日的美国物理学会年会上。乔治·斯穆特出面主讲，不过奈德·赖特、查尔斯·本内特、和艾尔·科格特（Al Kogut）也会登台解释实验的一些方面。

那天演讲厅异乎寻常地拥挤。听众的激情被迅速调动起来，科学家们尤其报以巨大的期望。至少 6 个月来一直有传言说 COBE 已经发现了某些东西，某些人认为是大爆炸理论遇到了麻烦。

但演讲厅如此之拥挤，还有另外一个原因。COBE 项目组不知道，由加州大学伯克利分校主管的劳伦斯·伯克利实验室，已经抢在美国宇航局之前召开了自己的新闻发布会。消息已经被一些占据优势的报纸捷足先登，从而点燃了人们对于此事的热情。

乔治·斯穆特用 20 分钟演讲介绍了这项工作。他展示了结果，并向听众解释了这个结果意味着什么。听众中有人问，它有多重要，他说：“嗯，如果你信奉宗教，那么它就像见到了上帝的脸。”

宇宙的秘密?

没有人想到，接下来这个故事就以光速传遍了全世界。

在英国《卫报》，报社的科学记者蒂姆·雷德福（Tim Radford）看到他手下的记者都彻底失态了。“甚至办公室里每个了解一点儿科学的人都像疯了一样激动，说这是迄今为止最伟大的事。”他说。

一开始，雷德福并不相信。“但当我读到故事的结尾，甚至我也开始激动起来。”

消息登上了世界上所有重要报纸的头版。你打开电视就不能不听新闻在谈论科学家们已经发现了宇宙的秘密。

新闻记者们无法起诉这个故事宣传过火，因为科学界本身就在“宣传过火”。这股火是由最著名的科学家们点燃的，其中名气最大的莫过于英国理论物理学家斯蒂芬·霍金。他在谈论COBE的发现时说：“这是本世纪最重要的发现——如果不是整个历史上最重要的话。”这个说法越传越广。

英国的《独立报》在头版报道了这个故事，并制作了通栏大标题：“宇宙是如何开始的”。铺满整版的是一张表示整个宇宙历史的图，从宇宙的创始时刻直到今天，其中丢失的一步是星系的诞生——现在它被COBE的发现填补完整了。

正如英国天体物理学家乔治·埃夫斯塔西奥（George Efstathiou）评论指出，只有巨大的灾难和戴安娜王妃的婚礼曾经产生这样的媒体覆盖度。

“他们已经发现了宇宙学的圣杯!”芝加哥大学的迈克尔·特

纳（Michael Turner）如此声称。

“这个发现的重要性可以与宇宙膨胀或者宇宙微波背景的发现相提并论，”霍金在《每日邮报》上说，“发现它的人可能会获得诺贝尔奖。”

COBE项目组惊呆了。“看到这种媒体覆盖度，我目瞪口呆，”威尔金森说，“我们曾希望媒体会感兴趣——但从没想过这样。”

罗伯特·威尔逊也迷惑了。“这比阿诺·彭齐亚斯和我发现微波背景辐射的公众知名度还要高了！”他说。

第十三章　空前的科学新闻炒作

——COBE 研究结果是怎么成为头条新闻的

那么，为什么宇宙初期的这些涟漪会造成全世界媒体的如此巨大的轰动？COBE 的发现真的具有像斯蒂芬·霍金所称声称的那样重要吗？

“在霍金声称这是‘世纪最大发现’之后，我们受到了来自其他领域同行的巨大压力，”吉姆·皮布尔斯说，“这个评价很棒——但要我来说，这最多也就是‘年度最大发现’。”

据皮布尔斯看来，COBE 发现星系种子显然无法与哈勃发现宇宙膨胀相提并论，也比不上彭齐亚斯和威尔逊偶然发现暗淡的创世余辉那样重要。

但霍金并不是唯一做出类似夸大其词评价的人。“其他科学家们明确地说，这将会获得诺贝尔奖，”皮布尔斯说，“我不知道他们为什么总是这么说，只能怀疑他们以此相互激励。”

讽刺的是，至今大多数科学家仍认为 COBE 测到的完美黑体谱是来自这颗卫星的最重要的结果，它表明早期宇宙比任何人所想象得都要简单。不过，黑体谱并没有受到多少公众注意，尽管科学家们对此报以热烈欢呼。

黑体谱不仅仅在科学上意义重大，在技术上也令人印象深刻。为了找到宇宙背景辐射的热点，COBE 的差分微波辐射计必须比任何地面实验灵敏度好两倍以上。另一方面，COBE 对光谱的测量精度令人吃惊，比之前任何成果都好 30 倍以上。

但最大的讽刺是，假如 COBE 没有发现火球辐射上的热点，那将是更为轰动的事。假若如此，星系形成将完全成为一个谜，宇宙学家们不得不重新考虑他们关于大爆炸理论的想法。

举世沸腾

有一个机构从公众对 COBE 的关注中获得了巨大收益，当然，就是美国宇航局。“经历了哈勃太空望远镜和伽利略空间探测卫星的磨难之后，宇航局迫切地需要一次成功。”罗伯特·威尔逊说。

“我相信美国宇航局根本不为 COBE 的宣传感到抱歉，”皮布尔斯说，“但他们是否参与推波助澜我就不知道了。”

皮布尔斯相信，如果美国宇航局想要这么做，制造这样的媒体奇观是必然的。“我想不出还有谁有足够的竞争力能把事情做到这种地步，”他说，“假如你听说了某个奇妙的发现，你想让全世界为之沸腾，你知道该如何操作它吗?”

那么为什么全世界为之沸腾？这是由好几个因素促成的。最重要的可能就是科学家们的极度兴奋。因为 COBE 已经进入轨道有些日子了，却没有发现微波背景存在任何变化，科学界的空气已经变得有些紧张。

“从 COBE 发射到到平滑性结果出来，已经两年过去了，”皮布尔斯说，“有足够的时间形成紧张气氛了。这也是为什么发布会上为什么会有那么多人来的一个原因。”

在科学界曾经有许多怀疑。“在宣布存在涟漪之前至少六个月，就有谣言说已经找到它。”皮布尔斯说，“科学记者打电话到普林斯顿，很有礼貌地试探我知道些什么。幸运的是，我不需要慎重考虑该怎么说，因为记者不知道的事情我根本也不知道。”

当声明最终出来的时候，科学家们已经紧张得要抓狂了，“那真叫人长出了一口气。”戴维·威尔金森说。

“我认为人们只是彼此感到安慰而产生的乐观，”皮布尔斯说，“这是一种心理学上的兴奋情绪的强化过程，它导致了这一次的公众宣传效果的大爆发。这就是我的看法。”

他认为，在COBE发射升空与公布黑体谱——他认为这才是更重要的结果——之间仅仅隔了一个半月，“还没有足够时间强化情绪，没有积累到这种兴奋度。”

宣告大爆炸理论破灭还为时过早

但这种兴奋也并不只是天真无邪的。有的科学家绝对是利用这次突然出现的媒体热情。“他们告诉媒体COBE的结果证明了宇宙大爆炸理论，”查尔斯·本内特说，“这不算全对。”实际上，大爆炸理论从未被严肃地质疑。COBE结果只是给它相当牢固的基础上又添了一块砖。

不过，在那之前一年，有一些天文学研究组研究了宇宙中的星系团形成过程，发现这种成团性难以用标准的冷暗物质理论来解释。说到这里，必须要说明的是，当时这个理论被当作了大爆炸理论的一部分。

“媒体错误地把冷暗物质理论的问题说成了大爆炸理论错了，”本内特说，“科学界里很多人随后做了大量解释工作，介绍大爆炸理论是一回事儿，冷暗物质理论是完全不同的另一回事儿，想纠正这个印象，”麻烦的是，没有人认真倾听。“但当我们的结果宣布之后，许多科学家抓住这个机会，来纠正此前的错误的新闻报道，强调大爆炸理论仍然十分具有活力。”

这就是为什么一些科学家热衷于强调大爆炸理论是对的。并不是每个人都简单地感到放松或者兴奋，这些科学家在努力地澄清是非。

伯克利新闻发布会

但还有一些事情也导致了新闻的升温，其中之一当然就是在加州大学伯克利分校举行的新闻发布会。“在美国宇航局新闻发布会之前的那个晚上，COBE 的故事已经见诸报端，”本内特说，“所以在媒体已经暗流涌动，而我们完全不知道发生了什么事儿。”

“到了美国宇航局宣布的时候，每个人都已经初步了解了为什么 COBE 的发现是一件奇妙的事情，”约翰·马瑟说，“这当然让我们获得了大量的公众关注。”

伯克利的新闻发布会引起了美国宇航局的震惊。“宇航局之前尽量公平对待每一人，”本内特说，“但总是有记者跑来说：‘为什么你给了我这张图片，却给了他那张呢？’”

美国宇航局新闻办公室完全不知道怎么回事。稍后它才意识到存在两次记者招待会——一次是宇航局的，一次是伯克利的。

“有些备受青睐的报纸，比如《华尔街日报》，容易获得优先权。”戴维·威尔金森说。

“美国宇航局通常不会这么做，”本内特说，“它对待媒体注重公平，不会优先把材料透露给喜欢的记者。但伯克利会这样做。我没有批评伯克利政策的意思，但在这件事上它和宇航局存在冲突。”

“由于有些记者提前拿到材料，”戴维·威尔金森说，“他们写得更详细，故事更出彩，要是他们只去了宇航局的发布会就写不出来那么多。”

“实际上，有些撰稿记者根本不知道宇航局有新闻发布会。”本内特说。“伯克利开发布会本身没什么错，错的是没有跟项目组其他人确认这个事儿。”

“伯克利的公关机器很厉害。”布鲁斯·帕特里奇说。

“乔治（指乔治·斯穆特）在分析数据上曾经耗尽心力，”威尔金森说，“我猜当伯克利新闻办公室告诉他要提前一点儿公布消息是，他并不觉得这违反了我们的协议。”

据斯穆特说，劳伦斯·伯克利实验室的新闻稿只提前发给了5个地方，包括美联社。他说伯克利要求禁止这份新闻稿在4月23日周四美国宇航局新闻发布会之前公开。美联社在那天前一晚推出了自己的报道，附带有同样的禁止要求。“据我所知，没有人违反这个禁令。”斯穆特如是说。

分功不均

但除了被背叛的感觉之外，COBE项目组还为伯克利新闻稿的内容深感失望。

“其中并没有提到完成了这个工作的绝大部分人。”本内特说。

“当我打开电视，听到是伯克利研究组完成的这项实验，实在令人诧异，”威尔金森说，“这完全是一种歪曲。COBE卫星的大部分工作是由戈达德中心完成的——约翰·马瑟和其他人——伯克利的新闻稿没有提到他们应有的荣誉。”

“约翰·马瑟拼命地替研究组争取荣誉。”布鲁斯·帕特里奇说。

“为数众多的艰苦贡献的许多年轻人根本没有被提到，”威尔金森说，“他们太失望了。”

“约翰·马瑟就是这样的人，”本内特说，“他很谦虚，不喜欢出风头。这是马瑟和斯穆特两人个性的一大区别。”

美国宇航局新闻发布会前一个月，斯穆特曾经去过宇航局总部，协助撰写官方新闻稿，他对此一清二楚。这是宇航局第二次关于平滑性实验的声明。回到伯克利之后，他把宇航局新闻稿的内容告诉他的老板和实验室头儿。斯穆特认为宇航局把太多荣誉给了戈达德中心，而对伯克利的功绩说得不够。因此伯克利发布会被提出来了。“我坚持这是一次联合发布，”斯穆特说，“而宇航局想要获得优先权。”

COBE项目组对于伯克利新闻发布会带来的糟糕感觉完全没有准备。在此之前，项目组成员都在齐心协力地工作。“我们必须把这事儿弄清楚——它使项目组分裂了。”威尔金森说。

“斯穆特承认他犯了错误，”本内特说，“他向项目组道了歉意。”

“乔治已经尽可能做了一切他能做的，希望事态好转。”马瑟说。

但在公众眼中，乔治·斯穆特已经成了 COBE 的代名词。“很不幸，事情就是这样。”威尔金森说。

斯穆特认为，媒体报道事情的时候，总会发生这种情况。总有某个人不可避免地成为关注焦点。“第一天，媒体关注面很平均，引用了我的话，也引用了美国宇航局新闻发布会讲台上奈特·怀特等人的话，”斯穆特说，“但随后几天，更多的媒体习惯性地引用了斯穆特说的话。”

但他相信伯克利新闻发布会是有益的。“它让整个事情的意义更加重大，”他说。从这一点来说，COBE 项目组也不是完全无辜的。如果说“伯克利事件”把水搅浑了，项目组发布的照片也是犯了同样的错误——那张照片上用淡紫色斑块表示热点，蓝色斑块表示冷点。照片被全世界上几乎每一家主流新闻杂志和杂志复制，大多数看到它的人都认为他们看到了 137 亿年以前宇宙的物质团块。

“这张照片引起了每个人的注意，”威尔金森说，“但它具有误导性。”

“这里既有早期宇宙的真实结构，也混进了仪器噪声，”皮布尔斯说，“这显然不是上帝的面容。”

“我们看了这个问题，”威尔金森说，“实际上，项目组关于这个问题进行了大量争论。应该用图，还是根本不必用图?”

“我们知道图上大部分都不是真实的，”本内特说，“但总的来说，我们觉得还是应该展示这张图，只要仔细地告诉人们，他们所看到的是宇宙中最大的结构，还有来自仪器的大量噪声。”

据本内特介绍，项目组曾设想用一个类比来解释这张图，但从未用到。这个解释牵涉到电视机屏幕上的干扰，也就是“雪花”。“如果你离信号发射台非常远，打开电视机，屏幕上就全是雪花，”本内特说，“但是，在这些雪花之中，你仍能看出一幅图像的模糊轮廓。恩，我们发布的早期宇宙图上，就有大量地雪花在上面。”

项目组里有个人认为光解释这张图的意思已经是个太不可思议的问题了。“我支持根本就不要用这张图，”威尔金森说，“我知道没有一家媒体会花时间来解释这张图一半是噪声，一半是图像。”

“但项目组倾向认为，我们应该向人们展示一张图，让他们对我们观测宇宙有个基本概念，”本内特说，“不幸的是，关于噪声部分的提醒文字总是被砍掉。”

“可能项目组的人们对于什么样内容会获得媒体关注想得有些幼稚，”他承认道，“你展示了这张带有注释的图片，就应该知道图片会继续传播出去，而注释会被扔掉。”

上帝的脸

但是，对项目组的许多人来说，这张产生误导的图，相比于美国宇航局新闻发布会上乔治·斯穆特那句“上帝的脸”，又真是小巫见大巫了。

“当乔治说出那句话时，我们所有人都震惊了!”本内特说。

在宇航局发布会之前，COBE 项目组已经讨论过要说什么内容了。“我们没有逐字确定具体说法，”本内特说，“但我们在基调上一致，去掉专业的科学术语，诸如此类。没人提什么上帝的脸。”

“我是在激动之下做了那个评论。”斯穆特承认说。他说他从未试图把COBE的发现和上帝直接联系起来，他只是想告诉给非科学人士这个发现是多么重要。他忽然灵机一动，说道："如果你相信宗教，那它就像见到了上帝本人。"

"我觉得这有点儿过分了。"鲍勃·迪克说。

"乔治试图克服我们感情上的乐观和兴奋，这是很有益的事情，"本内特说，"但把宗教联系带进来是一个具有潜在威胁的错误。"

斯穆特希望人们不要从字面上来理解他的评论。但有些媒体恰恰是从字面理解的，读者得到印象是，在宇宙深处，COBE项目科学家真的发现了上帝的踪迹。

"乔治的性格非常外向，"本内特说，"他跟媒体交流的方式跟科学同行交流完全不同。"

一场关于科学能还是不能讨论上帝的争论由此而起。这其实跟COBE已无关联。它的目的只是为了把科学的水搅浑，让一般人更难理解这颗卫星究竟发现了什么。

在英国，《每日电讯报》以"宇宙学与神学"为标题，询问了宇宙学家和教士对COBE科学发现的评论。虚假的宗教关联在电视争论上一再被提及。在美国，全国广播公司（NBC）邀请本内特参加它的早间电话连线节目，来讨论COBE发现结果的宗教意义。"这辈子也别想"，他这么告诉他们。

这件事给许多科学家的警告是，对科学成果的说明不应该进行演绎。大多数科学家认同科学表明了宇宙"如何"运行，但丝毫没有涉及"为什么"，这些解释仍属于宗教范畴。

马瑟说："因为斯穆特说的那些话，我们被许多科学界同行取笑。"

斯穆特认为他是热情地与公众进行科学对话，他在伯克利就很热衷做这些事。“如果因为我的评论，人们对宇宙学产生了兴趣，那么这就很好，这就是正面效果，”他说，“无论如何，事情已经发生了，我无法收回。”

物理学的孤胆英雄

伯克利新闻发布会以及“上帝的脸”的评论，使乔治·斯穆特的名字成了COBE项目的同义词。

就在宣布发现“涟漪”之后不久，斯穆特接到了来自约翰·布罗克曼的电话，他是出版界最知名的著作经纪人①。布罗克曼当时正在日本进行商业旅行，他是用东京机场的付费电话打来的。他在日本的报纸看到了关于人类对宇宙理解新突破的头条消息，其中突出提到的是斯穆特的名字。

根据报道，当布罗克曼辗转找到在加利福尼亚的斯穆特时，他说，“嗨，你看，宇宙发生了这么大的事儿，我能做什么?”在布罗克曼的电话费用光之前，他已经让斯穆特同意写一本书的计划书，并传真到布罗克曼的纽约办公室，这样13个小时后，布罗克曼回到美国就能看到了计划书了。

布罗克曼的确打动了斯穆特。斯穆特说：“即使在COBE结果宣布之前，我已经有兴趣写一本关于宇宙学的书了。”

布罗克曼回到了纽约，找到了那份正在等他的传真件。他为此连续工作了24小时。在日本看到新闻还不到两天，布罗克曼已经把这份计划书发到了12个国家的60家出版商手里。还不到

① 以下信息基于1992年12月13日英国《星期日时报》发表的迈克尔·怀特(Michael White)对约翰·布罗克曼的采访。

一星期，他已经在纽约、伦敦、慕尼黑、米兰、巴塞罗那和巴黎把这本书拍卖成了科学出版历史上最大的一笔交易——据报道，各个国家的交易额加起来，总数约为200万美元。

斯穆特已经成了大名人。他出现在脱口秀和新闻节目的演播室，杂志也大篇幅地报道他。1992年11月15日，他成了《波士顿环球杂志》的封面人物。在正文中，特约撰稿人米切尔·朱可夫称他是"这个星球上最受欢迎的天体物理学家"，把他描绘成了介于科学家和电影明星之间的角色。"如果孤胆英雄印第安纳·琼斯是物理学家而不是考古学家的话，"朱可夫写到，"他就会成为乔治·斯穆特。"

诺奖在望

关于COBE项目成果值得获得诺贝尔奖的说法已经在流传。而且谁能否认这种可能性呢？毕竟，阿诺·彭齐亚斯和罗伯特·威尔逊发现宇宙微波背景已经在1978年被授予了诺贝尔奖。诺贝尔委员会的谨慎已经臭名昭著，经常要等好多年甚至几十年才会把荣誉授予那些做出重要科学发现的人[①]。但对于COBE，不需要如此谨慎了。这颗卫星的两项重要成果已经被地面实验确认，所以诺贝尔委员会如果把奖项授予COBE，不会在第二年发现它的意义化成一阵青烟消失而给诺贝尔奖带来羞辱。

但是，如果COBE的成果值得授予这个荣誉，那么谁将得到这个奖项呢？这颗卫星毕竟在很大程度上是团队协作的成功，在过去20年里有数百人参与这个项目。很明显的选择是约翰·马

---

① 阿尔伯特·爱因斯坦等了16年才被授奖，甚至他得奖原因还不是因为相对论，而是由于在"光电效应"方面的贡献。

瑟——正是他在 1974 年孕育了关于 COBE 的理念。他不仅推动这个项目直至完成，而且主要负责了卫星上最成功的仪器。那么如果马瑟可以得诺贝尔奖，谁会跟他分享呢？

这就有许多可能性。但有一个人已经越众而出，这就是乔治·斯穆特。

第十四章　COBE 卫星揭示的宇宙

——星系形成、暗物质和暴胀

尽管媒体喧嚣不已，但它们很难说清楚 COBE 到底发现了什么，也不可能判断出来它究竟意味着什么。许多人看了当晚宣布“宇宙涟漪”的电视新闻，或看到了报纸，但还是对复杂的宇宙学解释不知所云。他们想知道这究竟是一种天花乱坠的广告宣传，还是 COBE 卫星确实发现了某种具有重大意义的东西。

有一件事是确定的：就像一些报纸所声称的，COBE 并没有解决宇宙之谜。但这颗卫星确实提供了重要的信息，找到了现代天文学理论上丢失的关键联系。COBE 发现，宇宙微波背景辐射在各个方向上的差异竟如此之轻微。“热点”处的温度仅仅比全天平均温度高出十万分之三，因此也难怪历经四分之一个世纪才找到它！地球在太空中的运动所导致的效应都比这要大 100 倍。

“热点”表示早期宇宙这些区域比平均水平略微疏松一些，而“冷点”表示稍微致密一些的团块。这些团块的尺度非常大，跨度在 1 亿到 25 亿光年之间。它们是宇宙中最早也是最大的结构——是今天宇宙巨型星系团的“种子”。

现在，我们至少知道我们确实存在了。

对 COBE 卫星观测结果的其他解释

当然，在解释 COBE 卫星结果时，天文学家使用了一个默认的假设，即宇宙背景光子与物质的最后一次相互作用发生在宇宙大爆炸之后 38 万年，此时原子首次形成。但是，在背景光子抵达地球的漫漫长途中，假如又跟物质发生了相互作用呢？那么它们也许不可能告诉我们宇宙形成之初物质成团性的任何信息。

有一种情况会导致这种结果，即假如在过去 137 亿年的某个时间，宇宙再次被加热到数千度。如此一来，电子就会从原子中脱离，因而能够散射背景光子。这种再加热可能在宇宙初期出现——在星系形成之前，会产生一代格外闪亮的恒星。如果曾经有这么一代恒星，那么宇宙背景辐射携带的就不是宇宙 137 亿年前的“快照”，而是带有稍后某个时期的印迹。

但随着 COBE 项目组继续对火球辐射谱进行更高精度的测量，这种可能性看起来越来越小。如果宇宙在过去 137 亿年里曾经再次被加热，那么这会表现为火球辐射谱里的某种扰动。但辐射谱是完美的黑体谱，没有找到任何可以分辨的偏离，这是它直接来自大爆炸的强有力的确切证据。

有些理论家提出，在到达地球的旅途中，宇宙背景辐射光子还可能会受到所谓宇宙弦的引力影响。宇宙弦这种奇异的天体是一些理论家变戏法似地想象出来的，类似于结冰时出现裂纹，只是这些“裂纹”是在宇宙大爆炸之后冷却过程中空间几何结构中形成的。

宇宙弦是在炽热致密的状态中形成的，随着宇宙逐渐冷却，在某些局部空间仍有残留。在宇宙弦的长度上，仍然保留着宇宙创生最初时刻的那种巨大的密度条件。如果宇宙弦仍散布在宇宙之中，那么经过它们附近的任何宇宙光子为了从它们强大的引力场中逃脱，就会损失能量。但是，这种宇宙弦是引起 COBE 所见“冷点”的想法也存在着问题。如果在今天的宇宙中，这种奇异天体真的还存在，那么它们就会扭曲来自远方的星系图像。目前为止，天文学家们还没有发现这样的效应。

话说回来，即使宇宙背景辐射确实直接来自大爆炸，也会有除了物质团块之外的其他东西留下痕迹。比如，热点、冷点可能是由于引力波引起的，这种引力波是宇宙大爆炸之后远小于 1 秒时间里猛烈事件产生的。美国物理学家克雷格·霍根（Craig Hogan）甚至提出，这些天空温度的变化有可能是非常遥远的天体引起的。如果远处天体非常多，它们的光线加在一起可能会产生 COBE 所见的起伏信号。但查尔斯·本内特相信这个想法可以被排除，他说：“我们已经根据遥远的系外天体数据库进行了相关性分析，大多数信号不能用他说的那种方式来解释。”

本内特承认对 COBE 结果的解释并不是唯一的，但他认为上述想法都是不可能的。“COBE 项目组认为，对我们所见到的现象最简单的解释就是宇宙早期的物质团块。”他如是说。

不可见的宇宙

COBE 观测结果的意义远超出了星系形成。首先，这个结果支持了宇宙大部分是由不可见的“暗物质”构成的理论。这是因为 COBE 所发现的早期宇宙中物质团块不够大，其引力不足以在随后 137 亿年中把物质聚集形成星系和星系团。所以它们需要帮助，需要来自大量暗物质的帮助。

这种关于宇宙大部分物质是不可见的古怪思想起源于20世纪30年代。当时瑞士-美国天文学家弗里茨·兹维基（Fritz Zwicky）在测量星系团中的星系旋转速度有多快，他发现了一件奇怪的事情——大部分星系比它们“应该”遵循的速度要快，快到它们早就应该从其所在的星系团引力范围内逃脱，飞往更远的宇宙中去了。对于它们为什么没能“逃脱”，兹维基唯一所能做出的解释就是，这些星系团中包含的物质远大于他通过望远镜所见到的那些。兹维基认为，正是在这种隐藏的，也就在“暗”的物质帮助下，星系团才能把这些可见的星系“囚徒”牢牢地束缚住。

兹维基提出这个结论比他的时代略微超前了一些，天文学界花了几十年时间才跟上他的脚步。但到了20世纪80年代，证据已经足够明确，天文学家们不能再对兹维基的惊人之论视而不见了。

暗物质的存在是无可辩驳的。不管天文学家朝宇宙哪个方向望去，总能找到它形如鬼魅的存在，甚至还发现我们的银河系也被一个超大质量的球形暗物质云包围，其质量远远超过所有的可见恒星。天文学家现在相信宇宙中85%都是这种形式的“不发光”暗物质，它存在只能通过其引力改变了可见恒星或星系的轨道来探知①。

这个令人不安的发现将天文学家置于异常窘迫之地。在过去400年里，他们用望远镜孜孜研究地一切被证明实际只是宇宙极

① 这就好像把铁屑洒在磁铁附近，从而揭示看不见的磁力线。

小一部分。科学家们倾其所有所理解的普通物质——也就是构成行星、恒星以及我们身体的成分——只不过宇宙的一点儿杂质。

更令天文学家窘迫的是，他们甚至完全不知道暗物质是由什么构成的。天文学家提出的想法有很多种。比如它可能是像黑洞这样坍缩的恒星，甚至可能由褐矮星组成，后者是没能成功发光的恒星，非常暗淡，很容易被我们的望远镜所忽略。又比如，暗物质可能是还没有发现的亚原子粒子。物理学家已经给这些假象中的粒子起了名字，像中性微子、轴子、引力微子，但所有人都不敢确信它们是否真的存在①。

但无论暗物质的真实身份是什么，COBE 关于早期宇宙团块的发现只是强调了必须存在大量的暗物质。没有它，星系团就不能形成。

根据公认的星系形成理论，早期宇宙中比其他地方物质密度略高的区域，会自然掠夺其他区域的物质维持自身密度的增长。因为比起周围环境来说，其引力越来越强，从而能够拉进来越来越多的物质。但麻烦在于，COBE 发现的物质团块仅仅比周围环境高那么一点点儿，这些团块要想得到足够的物质形成星系团，就要花上比宇宙历史 137 亿年更长时间才行。

但如果宇宙中包含大量的暗物质，就能够加速这个过程的进行，因为在大爆炸之后不久，暗物质已经聚集成团了。究其原因则是它不会受到辐射的影响，因为它既不发光也不吸收光线，也不跟光发生其他形式的相互作用。这与普通物质形成强烈的对

---

① 如今，许多物理学家正在进行实验寻找这些粒子，这类实验室有的在废旧矿井底部，有的在大山隧道里。

比，普通物质会被火球辐射的光子打成碎片。

已形成的暗物质团块会对其周围环境施加强大的引力。不过，普通物质还不会立即落进它的引力范围内，来自火球辐射的压力迫使物质分布得相当均匀。但这种相当均匀，也并不是绝对均匀的。在看不见的暗物质团块周围，普通物质已经略微有所聚集。最后，当宇宙大爆炸38万年后原子形成时，普通物质得以从辐射"暴政"解脱，开始成团。根据理论，在这个时刻，在暗物质团块附近的普通物质密度要比宇宙平均值高出约十万分之一。这非常接近COBE探测到的早期宇宙中物质团块的密度差。

一旦形成了原子，宇宙对辐射来说就是透明的了，没有什么能够再把普通物质阻挡在暗物质的引力范围之外。普通物质迅速聚集形成恒星和星系。在暗物质的帮助下，星系形成过程得到极大加速。实际上，在大爆炸以来的时间里，这个过程已经完成。

热暗物质和冷暗物质

以上我们谈到的暗物质被理论家们称为"冷"暗物质。"冷"的意思是，它是由某些运动缓慢的粒子构成的，这样的粒子很容易被引力驯服，像普通物质那样聚集成团。"对形成星系过程，冷暗物质模型是个非常漂亮的思想，"吉姆·皮布尔斯说，"我这么说，是因为我是提出这个概念的人之一！"

不过，尽管冷暗物质能够使星系形成更快，它也存在问题。当天文学家在计算机上模拟星系形成全过程时，他们发现得到的星系团与他们在望远镜中观测到的略有不同。

近年来，物理学家已经发现，宇宙中包含有比他们曾预期的更加巨大的结构——星系长链和星系长城。尽管冷暗物质可以很好地解释像星系和星系团这样宇宙中较小的结构，却不能解释这些巨大的结构。

由于观测和理论都存在一些不确定性，所以还不能绝对说明冷暗物质不能解释它们。但甚至冷暗物质的一些支持者，包括皮布尔斯在内，已经略有担心。他说，“星系形成的冷暗物质模型有了大麻烦!”

但理论家们已经构想出来另一种类型的暗物质了，有些人已经借助它来解释星系成团的方式。这就是所谓的“热”暗物质。构成它的是宇宙大爆炸形成的速度非常快的一类粒子——实际上，其速度接近光速。因此引力难以驯服这类粒子，所以其分布要比冷暗物质粒子均匀得多。

因此，热暗物质的引力倾向于使普通物质分散开。与擅长形成小尺度结构的冷暗物质相比，热暗物质能够形成大尺度结构。一些理论家已开始支持在宇宙中需要两种类型的暗物质。当然没有人说过宇宙必须简单到只能有一种类型的暗物质。

大爆炸之前的一次爆炸

除了支持暗物质理论，很多人也声明 COBE 发现的“热点”可以证明关于早期宇宙的另一个深奥理论，叫做“暴胀”，这理论预言，“热点”应该分布在各种尺度上，而且无论尺度大小应该具有同等温度——这正是 COBE 所发现的。实际上，人们关于支持这个理论的声明略有些过火，因为“暴胀”并不是唯一做出这个预言的。但过火也是可以理解的：他们迫切希望“暴胀”是真实的。用吉姆·皮布尔斯的话说：“如果暴胀是错误的，那上帝就错过了一场好戏。”

对理论家来说，这个理论如此具有吸引力的原因是，它看来解决了宇宙学里至少一个重大疑难问题，并且同时解释了宇宙大爆炸是什么。“暴胀是个非常优雅的思想，”皮布尔斯说，“不过，还有许多优雅的思想并没有被大自然所采纳，所以如果它错了，我们也不能抱怨太多。”

根据麻省理工的阿兰·古思（Alan Guth）在1980年提出的暴胀理论，在宇宙大爆炸之前还存在一个时期。这个时期持续时间虽远远不到1秒钟，宇宙却经历了一次极端暴烈膨胀，即“暴胀”。

它的暴烈程度几乎是难以想象的。有人把它与宇宙大爆炸的对比，比作核弹爆炸与手榴弹。还有人简洁地指出在暴胀过程中，空间从比质子还小猛胀到比今天的我们所观测到的宇宙还大。用数字来说，暴胀使宇宙半径变大了10^{50}倍！而10^{50}是1后面跟着50个零！

到宇宙年龄为10^{-30}秒（即1百万亿亿亿分之一秒）时，暴胀就结束了。之后，宇宙膨胀进入了一个非常“安静”的阶段，这个“安静”的阶段就是宇宙大爆炸。在古思提出暴胀之前，所有人都以为宇宙大爆炸才是你能想象得出来的最猛烈的爆炸！

宇宙暴胀的能量来自真空。实际上，在暴胀图像里，最初存在的也只有真空。它在技术上被称为“伪真空”，是被排斥性的引力锁定的一种诡异状态，它的膨胀创造出来更多的真空，其中的排斥性引力迫使真空更快地膨胀。在所有的地方，完全随机的情况下，伪真空衰变成为普通的真空态。想象一下水里面的泡泡，你就了解这幅景象。我们的宇宙就是数不清的此类泡泡中的一个。在这个泡泡里，真空中惊人的能量转换成了其他的形式，产生了物质并把它加热到令人难以置信的高温。简言之，它创造了热大爆炸。

科学家过分热切地声明COBE观测结果证实暴胀是正确的理由之一是，这个理论提供了一种自然的方式，既能够产生宇宙创生后远不到1秒时宇宙密度的微小涨落，又能够把它们放大到卫星所能观测的尺度。

暴胀是这样起作用的：在暴胀时期，真空中伴随着被称为量子涨落的震颤。可以把它想象成暴风雨中的大海海面。海面较高之处具有较多的能量。对大海如此，对暴胀真空也是如此。真空里的高能部分也被宇宙暴胀在尺度上猛烈放大。当伪真空最终衰变成为普通真空并创造出来物质时，高能部分也比邻近区域衰变时创造出来的物质也略多一些。以这种方式，它们产生了COBE观测到的物质团块。

这个暗示本身就像暴胀思想一样令人震惊。如果这个理论是正确的，那么COBE所看到的就是星系长链和星系长城，它们的跨度超过1亿光年，在新生的宇宙中，它们曾经只是尺度比原子核还小的量子涨落。恐怕没有什么比最微小和最庞大的物理学研究对象之间这种联系更具有戏剧性了。

解决“视界疑难”

暴胀不是唯一预言过COBE卫星所看到的宇宙团块特征的理论。但对于宇宙背景辐射最令人困惑的疑难之一——为什么它的温度在各个方向几乎都相同——暴胀是给出自然解释的唯一理论。

这个疑难是，来自天空相反的方向火球辐射在宇宙早期是从不同区域发出的，在宇宙年龄为38万年时，它们之间不可能存在物理联系。但是，只有它们之间存在联系，温度才可能保持同步冷却。

至于为什么会这样，可以想象两杯相互连通的热咖啡。如果一个比另一个凉得略快些，那么热量就会从后者流向前者，这两杯咖啡才能迅速地回到相同的温度[①]。如果后者比前者凉得快些，也会发生类似的事情。所以这两杯咖啡总是以同样的速度变凉，任何时间都具有相同的温度。换句话说，如果这两杯咖啡不具有直接的联系，比如，它们被放在房间的两个位置，就没有什么能够阻止它们以不一样的速度变凉了。如果有一杯处在风口上，那它的温度就比另一杯下降得更快了。

同样，如果早期宇宙中的两块区域曾经具有相同的温度，那么在冷却过程中，热量也会在它们之间流动。但对这种联系存在一个限制——光速。所以在宇宙开始之后，只有这两块儿区域离得足够近，光能够在它们之间旅行，那么它们才能够保持同样的温度。

由此就产生了宇宙背景辐射的问题。当天文学家观测来自天空相反方向的火球辐射时，他们看到的是两块足够远的区域发出来的光子，在宇宙开始后38万年时间里它们之间不可能发生任何相互影响。实际上，只有在天空上的角度相差小于2度（大约满月直径的4倍）区域，它们之间才可能存在联系，从而具有相同的温度。

---

① 热量总是从温度高的物体流向温度低的物体，物理学家把这个规律称之为热力学第二定律。这个规律在物理学上具有非常高的地位。

但是，如果在大爆炸之前，宇宙的确曾经历过一个暴胀时期，这个问题，即所谓“视界疑难”，就有了一个非常自然的解释。也就说，我们宇宙是从一个比原子核中的质子还要小的区域暴胀出来的。这个区域实在太小了，在暴胀开始时，光有足够的时间遍历整个宇宙。所以今天所看到处于天空两端的早期宇宙区域，在暴胀开始之前实际上具有非常紧密的联系。它们有足够的时间达到相同的温度。

COBE看到的“热点”太大了，宇宙开始之后，光不可能有时间穿过它们。这是在大爆炸之后38万年物质和辐射分离之前，它们已经在宇宙中存在的最强有力的证据。但根据暴胀理论的要求，它们在宇宙创始那不到一秒的时间里并不存在，不会产生影响。

如果暴胀理论是正确的——而且，COBE观测结果确实与之相融洽——那么它对于我们所居住宇宙的意义是相当大的。它意味着，我们用望远镜所看到的太空，可能仅仅是整个宇宙所微不足道的极小一部分。我们不过是从比质子还小的区域长出来的一个宇宙里一个正在膨胀的空间泡泡。而且，可能有无限多的这样膨胀宇宙泡，分布在更多的空间，我们就像大海上的一片泡沫，我们可能永远无法知道整个大海。

第十五章　宇宙学的黄金时代

——COBE 之后的生活/后 COBE 时代

关于 COBE 卫星在宇宙微波背景中发现“热点”，最令人吃惊的是，大多数科学家正积极地接受这个结果。“这是一种非常困难的测量，COBE 项目组进行的仅仅是最低限度的探测。”吉姆·皮布尔斯如是说。

那么这些“热点”是真实的吗？过去，试图探测宇宙中最寒冷的对象的实验科学家总是错误地测量了其他目标——那些杂散辐射要么来自地球或银河系，要么来自实验设备自身的或火箭废气，或者其他种种数不清的假信号源。那么 COBE 的热点真的是自时间开始以来就印在辐射上了，还是 COBE 项目组被某些来自地球或更近的东西给蒙蔽了？

“我仍然会在半夜醒来继续思考，‘我们已经考虑了所有可能了吗？’”戴维·威尔金森说，“这是我对 COBE 最大的忧虑——我们可能没有找到我们应该测量的东西。”

威尔金森的忧虑之一是，来自地球的杂散辐射可能会绕过卫星的地球屏蔽罩进入灵敏的探测仪器。COBE 的科学家无法测量这种效应，因而只好从理论上进行估计。为了简化起见，他们的计算假定金属防护罩的边缘是锋利的刀口，但是，正如威尔金森指出的，如果近看，这个边缘其实一定是边缘参差不齐的。不得而知的问题是，项目组过分简化的计算是否低估了 COBE 观测信号中来自地球辐射的数量。

查尔斯·本内特有另一个担心。他关注的来自我们银河系的杂散辐射，以及项目组是否正确地从信号中清除了它。“我努力让自己满意，确定我们看到的信号不是来自银河系。”本内特如是说。

来自银河系的辐射非常复杂。它来自发光尘埃，也来自那些围绕银河系磁力线[①]旋转的且发射射电波的电子。项目组不得不建立了一个理论“模型”，以确定各种类型的辐射随波长应该怎样变化，然后必须确定它与实际测量一致。这项工作仅仅是在三种波长上进行的，所以本内特为之担心。但最后他对自己的结果感觉满意，各方面都很好。“无论你采用什么样的银河系模型，它都不会对我们的信号产生影响，”本内特说，“正是如此令我确信我们的信号中没有掺杂来自银河系发的光。”

当然，COBE 项目组还有可能被欺骗。“假如老天与它们做对，在银河系晕中可能充满了 3 开的尘埃，”本内特说，“那就看起来非常像宇宙背景辐射！”但并不在 COBE 研究组的许多科学家已经准备接受这个结果是正确的了。“我赌 COBE 结果是真实的，测量无误，”皮布尔斯说，“首先，我观察了这个项目的人

① 银河系里的磁力线跟把铁屑撒到磁铁棒周围所显示出来的磁力线具有同样的性质。

选——比如戴维·威尔金森——我完全相信他们的能力足以追查到最后的细节，他们为之努力了6个多月，或者更长时间。”

皮布尔斯也认为项目组给出的证据很好。“当然，这只是从统计上来说——他们没看到上帝的脸——但在他们发现的结果里有几项统计检验，我检查的几项看起来都很好。”

“我敢打赌这项结果很好，”他继续说，“我给你的赔率不是十万比一而是，哦，三比一，差不多就这样。”

但由于某种奇怪的巧合，COBE卫星探测到的热点正好位于地面实验仪器能够检出的水平之下。“我们能发现它们实在是出于幸运，”戴维·威尔金森说。

“要是COBE卫星延迟一两年发射，它就会被别人抢先了。”皮布尔斯说。显然，地面实验室装备了最新式的探测器，不久就能够看到卫星发现的热点是否真的存在了。“颇有些人一拥而上争当从地面检验COBE卫星观测结果的第一人。”皮布尔斯说。

“假如人们发现不了什么，那将是不妙了，”本内特说，“每个人都会追问哪个实验是对的，哪个实验是错的，这可能会无休止地扯皮。我对我们做的工作很有信心，但假如我们犯错误了，我宁愿早点被指出来。”本内特果然没有等太久，这一天就来到了。

热气球实验确认

1992年12月，来自普林斯顿大学、麻省理工学院、戈达德中心的一组天文学家在宇宙背景发辐射中发现了热点。它们都与COBE研究组在8个月前宣布的新发现在各方面都很相似。有意思的是，这些科学家（包括莱曼·佩奇（Lyman Page）、斯蒂番・梅尔（Stephan Meyer）和埃德・程，发现热点的时间比COBE还要早。但效应非常之微小，以至于研究组花了近3年时间来确认他们看到的确实来自大爆炸辐射而不是别的什么东西，比如来自实验仪器的假信号。

COBE卫星远在大气层之外，这让它在接收宇宙背景辐射上有巨大的优势。佩奇和他的同事们的研究经费相对于COBE项目组的6000万美元来说也是捉襟见肘。他们能做到的只是把实验仪器悬挂在高空热气球下面来窥测宇宙。

这项热气球实验室用的辐射热探测器比COBE卫星上要灵敏25倍，这项技术在20世纪80年代已经停滞不前。这意味着它进行同样的测量要比COBE卫星快625倍。“我们可以在6小时内完成COBE花一年才能完成的测量。”佩奇说。

威尔金森承认，COBE卫星上使用的探测器“太陈旧”。虽然灵敏度有限，但COBE仍然成功了，因为它可以每天24小时不知疲倦地工作，连续工作了一年多。而悬挂在热气球下面的仪器在被高空的风吹着越过高山海洋不知所踪之前，很少有工作超过10小时的。

佩奇和他的同事们从1984年开始建造实验设备。但在1988年首飞时，悲剧发生了。佩奇说：“我们的气球着火了。”不过在1989年10月，研究组又带着仪器到了位于新墨西哥州萨姆纳堡的发射场。佩奇说：“这次一切都运转得很完美。”

热气球到达了40千米的高空，在那里停留了10小时。在这段时间里，搭载的灵敏设备观测宇宙背景辐射的总时间为6小时，巡视了全天空的四分之一，以寻找温度差异。

“当数据下载之后，很明显其中存在温度变化，”佩奇说，

“麻烦的是，我们不能断定这种变化是来自微波背景还是来自更近距离的本地源。”引起温度变化的可能是我们的银河系，也可能是大气层，甚至是仪器本身。

佩奇说：“我们一个一个地剔除了这些可能性。”仪器观测了四个波段（比COBE卫星多一个），这让普林斯顿大学的肯·冈格（Ken Ganga）得以计算出主要来自尘埃的银河系辐射，并从信号中减掉了它。

最终，研究组剔除了能想到的所有可能性。1992年在伯克利举行一次工作会议上他们呈现了最后的结果。

他们发现的热点仅仅比天空平均温度高出一开的百万分之14.5，比COBE项目组发现的百万分之17略低一点儿。不过，跟COBE天空图一致的是，这些热点呈现各种尺度，从月亮视直径的7倍直到天空的四分之一。

佩奇和同事们把它们的天空图与COBE研究所得出的天空图进行了对比，看看团块和涟漪是否一样的。确实一样。“这个结果真是干净漂亮，”佩奇说，“我们真为它感到高兴。”

梅尔和程两个人也在COBE项目组里工作。不过经过COBE研究组其他人的独立比较，也确认一致性非常。佩奇说：“COBE项目组很高兴这样的结果。”

每个人对新结果都如此有信心的原因是，它用到的实验仪器跟COBE卫星上搭载有很大区别。热气球实验用的是一支“号角”探测器，指向竖直方向45度，每分钟围绕竖轴转一圈。这样它就能够比较环形天空的温度。在热气球实验的6小时里，地球在太空中旋转，因此号角探测器能够扫出多个相互重叠的环形，覆盖全天的四分之一。

除了使用仪器差别很大之外，佩奇的实验所用波段也比COBE卫星略短，为0.44～1.8毫米。这个差别很重要，因为来自宇宙背景辐射的信号是减去来自银河系辐射之后残余。在热气球实验的较短波段上，银河系辐射主要来自温暖的尘埃，而COBE卫星观测到的银河系辐射主要来自沿着磁力线旋转的电子。

在任何一个这类实验中，不确定性最大的就是银河系辐射，所以用两种完全不同的模型（一个来自尘埃辐射，另一个来自电子辐射），热气球和太空卫星实验得到了精确一致的宇宙背景辐射热点，这让所有人都松了一口气。

这就表明，COBE卫星的结果被证明是真实有效的。

“回想1974年，”约翰·马瑟说，“我们开始着手做这项具有重大意义的工作，不管理论学家们怎么想，我们都必须拥有这些数据才行，无论是谁都得拿到这些数据。而且我们必须要达到我们所处宇宙位置给我们设定极限才行。”

“因为你不可能把太空探测器发射到银河系之外，你甚至也不可能发射出太阳系之外。但我们说，我们将尽可能在我们所在的位置做到最好。我们已经实现诺言!”

小尺度

如今COBE卫星的两项主要发现都被确认了，人们的注意力也就转向了在更小的天空尺度上，大爆炸辐射如何变化。COBE卫星在早期宇宙中看到的即使最小物质团块，也比天文学家们目前为止在今天宇宙中发现的最大星系集合还要大。但早期宇宙中的物质团块应该出现在各种尺寸上，所以如果人们对某一小片天空进行放大，应该能够看到作为像银河系这样的单个星系种子的足够小的团块。这个目标就是要发现天空中小至直径为半度的热点，这个尺度相当于月亮的视直径，是 COBE 所见最小热点的 1/14。

如此大小的物质团块比 COBE 卫星发现的那些意义更为重要。那些大团块尺度非常巨大，大爆炸之后的 38 万年内，光无法从一头穿越到另一头，所以它们还没有受到当时宇宙中发生的任何过程的影响。如果它们能够告诉科学家们某一个时期的信息，那也是更早的时期了，可能是宇宙最初还不到一秒的时间。但是，尺度小于 2 开的团块跨度已经足够小，会受到大爆炸以后 38 万年里发生过程的影响。它们很有可能会提供一个全景窗口，让科学家了解当前星系刚形成时的宇宙。更有可能，这些小尺度上热点会比 COBE 卫星发现的热点更热，原因是 COBE 热点并不是由物质本身直接引起的，而是间接地由物质引力效应作用在火球光子上引起的。但在小尺度上，理论学家们有足够理由期待看到电子和火球辐射光子的直接作用效应。在这些电子和质子结合形成原子之前，它们会跟光子发生碰撞，从而把光子能量提升，看起来显得更热。

宇宙学的黄金时代

紧跟着 COBE 卫星的结果，人们对创世余辉产生了更强烈的兴趣。我们现在知道了在天空中写下的是早期宇宙的故事，我们才刚刚开始解读这个故事。

借助 COBE 卫星的帮助，我们已经用史上最为灵敏的微波“眼镜”见到宇宙。最先看到的白茫茫的原初火球已经分解成为了复杂的光影拼图，向我们讲述时间开始的时候巨大星系团诞生的故事。

受到 COBE 发现的鼓励，一大群男女科学家戴着微波“眼镜”正在更仔细地凝视大爆炸辐射。他们正在放大天空越来越小的区域，期待发现像银河系这样单个星系的种子。

目前，我们还只是发现了关于宇宙本质的少量基本信息。但宇宙微波背景辐射能够提供大量关于宇宙的知识。火球辐射的温度已经是我们了解到的关于宇宙最精确的信息，而且我们正在开始解开这项最古老的创世遗迹隐藏的秘密。“关于它还有太多的事情要需弄清。”约翰·马瑟如是说。

未来宇宙的背景辐射

从宇宙背景辐射中获取珍贵的秘密绝不是一件容易事儿，但我们的运气已经足够好了。虽然创世余辉极其暗淡，但仍有可能从我们银河系明亮的光辉之中把它挑出来。假如人类是在宇宙更晚期才进化出来，情形可能就大不一样了……

再过 137 亿年，宇宙无情地膨胀将会把星系之间的距离拉到今天的两倍[①]。背景辐射的光子也将被拉伸到更长的波长，变得更加微弱。那时候的宇宙就不再弥漫于温度为 3 开的背景光中，而是充满仅仅 1.5 开的辐射。在像银河系这样的星系内部，要挑出来像 COBE 卫星发现的涟漪将会很困难。很困难，但也不是不可能，只是需要更加耐心仔细的观测。

但当宇宙是今天年龄的三倍时，宇宙背景辐射的温度将会仅仅

---

① 为了这个数字简单一些，我故意忽略了宇宙膨胀实际正在*加速*的事实。加速膨胀是由于充满整个空间的看不见的“暗能量”造成的，它的排斥力推动星系彼此分离。暗能量直到 1998 年才被发现。

是今天三分之一；当宇宙年龄达到四倍时，温度仅仅是四分之一。到时间流逝1370亿年时，宇宙火球的残迹将会全部消散，它的温度只有可怜的0.3开。假如1370亿年后仍有任何智慧生物存在的话，他们就不太可能再像我们这样幸运了。在他们的宇宙里，创世余辉将真的不可能探测，它的秘密将遥不可及。在遥远的未来，火球辐射的命运取决于宇宙膨胀是否有一天将失去动力而且反弹。假如这永不会发生，宇宙将永远膨胀，垂死的星系在永久增长的空间之海中越来越孤立，背景辐射也将无非是烟消云散。

另一方面，如果宇宙停止膨胀，转而进入失控的坍缩状态，残余辐射就从上述不光彩的结局中被拯救了。随着宇宙收缩不可避免地进入大挤压（big crush），某种意义上相当于大爆炸的镜像过程，在这个过程中宇宙万物都会再度被挤压进一个小得不可思议的空间，背景辐射的波长也就被挤得越来越多，它也就变得越来越热。那时候它就不再是射电波段的区区几开了，而是红外波段的几十开。然后星系燃尽的庞大残骸也会挤压到一起，宇宙中会再度充满可见光，温度相当于几千开。

这就相当于COBE卫星探测到的时期的镜像。原子不再是第一次形成，而是分崩离析。宇宙不再是变得对辐射透明，而是变得极度不透明。由物质主宰宇宙的几十亿年结束了，辐射终于再度成为宇宙之王。

在大挤压的最后几分中，宇宙万物变成了狂暴的炼狱。火球辐射的猛烈光线开始把原子核轰击成组成它们的质子和中子。很快普通物质存在痕迹将会从宇宙中永远消失。火球辐射将会回到最初的情形。它也不再是创世余辉，而是变身为毁灭的致命光华。

尾声：COBE的后继者

查克·本内特生动地记得那一大笔钱落到他头上的那个时刻——价值数百万美元的美国宇航局太空项目成败的责任由他一人负责了。那个项目获得通过的消息传来时，某个人抓住他的衣领，一大群人叫喊着说："这个项目归你啦，可别搞砸了！"

早在1992年COBE卫星发现了难以捉摸的宇宙涟漪之后不久，每个人都认识到它需要一个后续项目。这促使整个宇宙背景研究领域的人们行动起来。随着天空的微波背景温度涨落被探测到，完全符合理论预期，下一步就是要测量各种尺度上的温度涨落有多大。这样一来，火球辐射从时间开始以来携带的宝贵信息就可以一点儿一点儿被挤出来了。

科学家们很快就知道，后续项目不会是像COBE卫星那样既庞大又复杂的太空项目了。要"描绘"宇宙涟漪仅仅需要提高差分微波辐射计的测量水平，不再需要COBE卫星携带另外两台仪器了。但本内特发现了一个问题。"美国宇航局没有承载小型卫星的发射器，"他如是说。麻烦的是，美国宇航局的人们总是想做成大型太空项目。项目越大意味着越重要，也意味着荣誉越大。更大、更复杂、更昂贵的项目才更对美国宇航局的胃口，也能提供更多的工作机会。

本内特意识到，现在要做的是去改变这种风气。他早就知道这个项目需要的是一个简单的实验装备。他有些着急。“设备越小，见效越快，”他说，“COBE 卫星已经指明了，天空中藏着极其宝贵的信息，这是一大笔财富，我们不想等上几十年才拿到这笔财富。”

因此，本内特开始投入时间和精力去说服美国宇航局小型太空项目所具有的价值。“这不仅仅是这个宇宙背景实验所需要的，”他说，“还有一大批其他科学问题也可以通过更小、更便宜、更快的太空项目得到解答。”

从表面来看，美国宇航局要付出的并不多。宇航局极其成功的德尔塔 2 型火箭是利用它的 9 个捆绑式推进器（代号为“宝石”，GEMS）获得推力的，COBE 卫星就是用它发射的。要发生更小的负载，只需要卸掉几个推进器就行了。“卸掉三四个就够了，”本内特如是说。这是一个简单而相对直截了当的改动。“不过，这事儿的关键并不是改变火箭，”他说，“而是改变思想，推动美国宇航局这个庞然大物稍微改变一下思维方式。”

说服美国宇航局需要时间、决心和毅力。1994 年，本内特终于获得了成功。美国宇航局批准了中等探测器（MIEDX）计划，针对的负载上限约为 COBE 卫星 5000 磅的四分之一。这就克服了发射“COBE 之子”道路上的一大障碍。现在，本内特和他的同事们要做的就是提出项目设计，供美国宇航局批准后用“中等探测器”发射。当然，这事儿说起来容易做起来难。

COBE 的后继者

一开始，有好几个研究小组都想争取这项宇宙背景后续项目。普林斯顿大学的莱曼·佩奇和戴维·威尔金森领导的小组跟加州帕萨迪纳的美国宇航局喷气推进实验室曾经谈了好几个月，最终他们没能谈成。灰心丧气的普林斯顿科学家们拜访了戈达德太空中心，得到了关于太空项目的一些技术问题的答案。“会谈进行地很好，”本内特说，“他们决定跟我们合作，让我来做首席研究员。”

约翰·马瑟最初也参与了这个项目组，但后来他被挖走去领导哈勃太空望远镜后继者的建设和发射项目，也就是詹姆斯·韦伯太空望远镜。这也说明了 COBE 卫星非常成功，马瑟作为一颗新星已经闪耀在美国宇航局的天空里了。

在这个时候，项目组的希望不是期待太空项目最终成功，而是要敲定如何进行实验的每一个细节。到 1995 年年初，项目提案获得通过。美国宇航局给最初的两个中等探测器项目发布了“机会公告”（AO）。

没有什么是确定的，也没有什么是板上钉钉的。本内特的研究组不仅要跟其他科学项目竞争中等探测器发射机会，他们还面临着与另外两个宇宙背景实验的比拼。

现在至少他们的实验装置有了一个名字：微波各向异性探测器（microwave anisotropy probe），缩写为“MAP” （地图）。“MAP”听起来挺有道理，因为它的指导理念就是要绘制全天温度的一幅“地图”。但“各向异性”就不太妙了。“我不知道是什么驱使我们选择了这个词——我们当时一定是疯了，”本内特说，

“这个词对公众来说一定莫名其妙。”

与 COBE 卫星一样，MAP 卫星将携带 10 对收集微波的号角型辐射计，成对的辐射计是用来对比不同方向的天空温度。MAP 卫星与 COBE 卫星的一个区别是它工作在 5 个波段而不是 3 个波段。另一个区别是辐射计并不是直接观测天空，而是通过放大“望远镜”也就是凹面射电天线进行。COBE 的视野是模糊的，甚至它拍摄的宇宙“婴儿照”上最小的冷热点代表的也是很大的温度点，尺度约为 7 开（是月亮视直径的 14 倍）。MAP 卫星的目标是要以更高的灵敏度绘制一幅更为清晰、锐利的大爆炸辐射图像。

7 开或更大的冷热点对应的最后散射时期的宇宙区域太大了，以至于在宇宙诞生之后，还没有任何光线能跨越它们。用术语来说，就是它们在彼此的“视界”之外。由于热能也受到光速导致宇宙速度极限的限制，它也无法在这些区域之间流动。因此，COBE 卫星的冷热点自宇宙诞生一瞬间以来从未变化。它们是时间本身诞生时留下的“化石”，是膨胀时期在太空中留下的印记。“但是，对于 2 开左右的尺度而言，一切都不一样了。”本内特如是说。

原因就是，小于 2 开的冷热点在最后散射时期对应的区域足够近，自宇宙诞生以来，光信号能够跨越它们。由于冷热点能够被时间开始以来的各种过程所改变，它们将能提供一个“窗口”用来观察年龄为 38 年时的宇宙。“MAP 卫星的计划是拍摄整个天空，显示小至 0.2 开的细节，这比 COBE 卫星做到的要精细 15 倍。”本内特如是说。

面对来自其他关于宇宙背景项目提案的竞争，本内特的项目组感到要提出表现更优异提案的压力。但他们遥遥领先的保证其实说来也简单：迅速、低廉和低风险。“如果任何人宣称用六个月就能发展出一种特殊的技艺，他就出局了，”本内特说，“经验告诉我们，任何事情都会耗费比人们估计更久的时间。”

项目组甚至放弃了用一种笨重且昂贵的液氦杜瓦瓶对探测器进行冷却的要求。“那是 COBE 卫星上一个最贵也最复杂的设备，”本内特说，“我们决定用金属散热片取而代之，把热量辐射到太空里去，从而‘被动冷却’实验设备。”

但简化并不是这个项目组唯一的武器，他们还有另一招增加胜算：细节。项目组在夜间和周末一直在加班，写出来了美国宇航局所见过最详尽的提案。“我把生命都倾注在提案里，经常凌晨 2 点上床睡觉，6 点就又爬起来了。”本内特说，“我们完成提案时，厚厚的一摞足有 4 英寸，细节非常丰富。”

当本内特和系统工程师克利夫顿·杰克逊（Clifton Jackson）带着提案驱车来到美国宇航局戈达德中心的复印店时，已经是 1995 年 12 月底了。“当我们到那里的时候，圣诞派对正在举行，复印店里没人值班。”他说，“我们不得不溜了进去，弄清楚怎么用复印机，自己弄完了复印装订的事儿。”

不过毕竟弄完了。本内特和杰克逊有开车到市区，把提案送到了美国宇航局总部。现在要等四个月后宇航局的结论。这种等待可能是令人烦恼的，但本内特已经投身于 COBE 卫星数据的分析中，并给 MAP 卫星搭建了一个容易理解的网站，向公众解释这个太空项目的科学和工程方方面面的情况。最终，在 1996 年 4 月，电话打来了。美国宇航局已经选择了 MAP 卫星作为“定义研究”（definition study）之后不久，本内特就被某人抓着领子告诚别搞砸！“确实有压力，”本内特说，“我是项目的首席研究员，我知道我们将面临严峻的挑战。”

他回忆项目刚开始那段日子的紧张。“每天晚上我回到家都心事重重。每天都会有新问题出现，每晚上床时脑子还在思考问题。”不过，过了一段时间，本内特认识到每个问题都可以解决。可是，原来的问题解决了，新的问题又出现了，接着再解决新问题。“我学会了放松心情，更加冷静沉着，一段时间只对付一个问题。”他如是说。

即便如此，本内特的妻子芮妮和两个儿子安德鲁、伊森还是送给他一个外号“疯狗”。“这并不是因为他对我们的态度——他在家里总是很贴心，”芮妮说，“而是解决工作上遇到的问题时总是玩命，绝不让任何威胁项目质量或进程的问题蒙混过关，像个疯子一样保护这颗卫星。他大部分时间都是很快乐的人，但当他发现糟糕的决定或操作失误时看起来挺吓人的。”

有助于缓解“疯狗”紧张水平的还是 MAP 卫星团队本身。“在 COBE 项目组时，我注意到大约 20%的人完成了 80%的工作量，”他说，“所以对 MAP 卫星我尽量选择那 20%不可或缺的人才。”本内特还认识到如果世界上最聪明的人难以合作的话，也没有必要聘用他们。

比起 COBE 项目组来，MAP 项目组规模很小的，后者核心团队只有 100 位科学家和工程师，而前者在数量上要多好几倍。“负面作用是我们所有人都累得像鬼一样，”本内特说。好的一面是，他挑选了一群协作融洽的人共事。“这就像一次战争体验。我们是一帮同生共死的兄弟——还有姐妹。那时候有人抱怨工作量太大，不过回想起来也很有意思，几乎每个人都说这是他们此生做过最棒的事情了。”

值得感谢的是，美国宇航局总部给予了项目组相当大的自由度，主要因为这个项目预算不大。不过有一次当总部代表来开会时，还是带来一些顾虑，让本内特感到不祥，因为有人对他说："等会儿休会时我们得跟你谈一下。”整个会议上本内特都觉得没法专心思考。“我想，‘哦，天哪！他们一定觉得我们麻烦大了。’”休会时，本内特深吸一口气，做好了最坏的打算。“我被告知我们送往总部的免费赠品不够——就是那些标签纸啦、钢笔啦，诸如此类宇航局从项目中拿到的东西!”

最终，在 2001 年 6 月 30 日，MAP 卫星发射的日子来到了。“让我抱歉的是，项目组有些人不能来观看发射，他们必须得在戈达德太空中心监控设备运转。”本内特如是说，他当时在佛罗里达州的卡纳维拉尔角。实际上，他已经在那里三星期了。而且麻烦总是无休止地出现。“甚至到发射前几小时，还有很多船只在海边禁止区域里游荡，”他说，“那些船必须赶走。”本内特的妻子和两个儿子受邀来到发射场，观看了发射。戴维·威尔金森也来了。不过有趣的是，本内特并不在场，他在控制室抱着显示器在监控工程数据。只有当德尔塔火箭已经飞上蓝天时，他才瞥了一眼白色烟柱之上的火箭。“我永远记得人们动情得呼喊声，”芮妮说，“火箭越升越高，越看越美。所有人都在欢呼。我们凝视着它直到再也看不见。”

本内特没有时间欣赏这幅美景。庆祝派对开始后，每个人都想和他攀谈。但他跳上汽车，匆匆赶往另一座楼，那里的一台计算机正在等待来自 MAP 卫星设备上的遥感数据。屏幕上有一系列的小方格，如果设备开启正常，就会变成绿色，如果出错就会变成红色。“我眼睁睁地看着它们一个接一个地变绿了，”本内特说，“真让人如释重负。”

但他还是没有休息时间。在租来的公寓里度过一晚之后，第二天早晨，本内特就飞回了华盛顿特区，直接回到戈达德太空中心。

7月4日是美国国庆日，也是本内特多年以来第一次休假。可当天晚上他就睡不着了，因为背部疼痛难忍。开始几个小时，他不想惊动芮妮，就起床平躺在地板上，可情况并没有改善。他开启了家里的椭圆漫步机，期望放松一下肌肉，疼痛能够消失。他的期望落空了，疼痛更厉害了。他又试着洗了个热水澡，可疼痛越来越厉害。最后他叫醒了芮妮，告诉她情况不对劲了。芮妮打电话给医生，医生说本内特可能是心脏病发作，应该立即去看急诊。

到了这个时候，妻子有些惊慌了。她把车开出来，让本内特蜷缩在副驾驶座位上，驱车赶往附近医院看急诊。“但是她遇到红灯总是要停车，”本内特说，“她这辈子还没有违反过交通规则。”最后，本内特忍痛对她大叫：“现在是凌晨3点！路上根本没车！把红灯闯过去！”

医院检查发现了胆结石，这是人类最为痛苦的一种病。“你应该注意到很多警告预兆了吧。”给他做检查的医生说。

“我什么都没感觉到。”本内特说。

医生看着他都震惊了。“你究竟是干什么的?”可本内特已经疼痛到无力再跟医生解释什么了。

切除了溃烂的胆囊之后，本内特住院治疗，止痛药用量很大，几乎连眼球都动不了了，但他还在想着一次重要的火箭点火

（它进行地很好）。但他没得选择，必须在 MAP 项目中退居比预期更次要的位置。

“查克失去了一只胆囊，真是太糟糕了，”芮妮说，“我跟他说这是我允许他为科学事业而牺牲的最后一个身体器官了。”

接下来让本内特感到忧心的是这个太空探测器的轨道。COBE 卫星工程师们面临的最大问题之一是如何防护精妙的仪器设备不受强烈的地球热量之害。因为 COBE 卫星位于低地轨道，地球占据了几乎半个天空。为了避免这个问题，使 MAP 卫星能够探测到比 COBE 数据更微弱的温度差，他们决定把 MAP 卫星放置在日地系统的“拉格朗日 2 点”（L_2）。

L_2 点位于地球和太阳连线上，地球背离太阳方向上，距离地球 150 万千米。它由 18 世纪法国数学家约瑟夫·路易斯·拉格朗日发现的几个特殊位置之一，在这些位置上，物体受到的引力作用和离心力作用相平衡，因此物体能够在引力的沼泽海洋中处于稳定位置。“之前还从来没有人把卫星放在 L_2 点，”本内特说，“我可以控制其他所有的一切，但这件事是我没法控制的。”

本内特其实不必担心。在 2001 年 8 月，经过一系列精准的火箭点火之后，MAP 卫星被稳稳地放置在 L_2 点。就像 10 年前的 COBE 卫星一样，它也睁开眼睛观测大爆炸辐射了。

MAP 卫星改名

MAP 卫星的目的是为了寻找来自天空不同方向的射电信号的微小变化。不过，卫星上来探测并放大微弱信号的号角辐射计和电子学器件本身也会产生电信号，因为它们都含有不停运动的电子。好在仪器观测时间越长，也就是说，收集的数据量越大，有效信号和干扰噪声之间的对比就越大。MAP卫星项目选择在仪器观测整个天空一年之后，再来分析这一整年的数据。

2002年，当项目组正忙于数据分析时，他们听到了不好的消息。“宇宙背景实验开山祖师”戴维·威尔金森去世了，他也是MAP项目许多人的同事和朋友。在COBE项目即将完成时，他被诊断出患了癌症，但他没有声张，把病情隐瞒下来，继续工作。

1965年，威尔金森惜败于阿诺·彭齐亚斯和罗伯特·威尔逊，后两人后来由于发现宇宙背景辐射而拿到了诺贝尔奖。当时他对这次失败还不以为意，认为这不过是在他职业生涯中即将发生的一系列奇妙发现之一。事实证明他太天真了，没有意识到如此重量级的发现是何等稀少。威尔金森后来参与了COBE和MAP项目的工作，虽然在两个太空实验中都不是全职工作，他更喜欢同时做一些小规模的宇宙背景的地面试验。“我们为他的去世而感到十分悲伤，”本内特说，“戴维是一位真正的绅士，是一个非常真诚而令人喜爱的人。”

提出更改MAP卫星的名字向威尔金森致敬的是莱曼·佩奇。“我们都支持这个提议，”本内特说，“困难的是要说服美国宇航局。”

其实美国宇航局并不反感给太空项目改名，恰恰相反，宇航局经常做这样的事儿。“问题在于，一旦我们提出了这个主意，就有可能用另一个完全不同的名字再改一回。”本内特如是说。

MAP项目组的人为这事儿颇动了一番脑筋。但最终还是实现了目的，这要感谢宇航局主管太空科学的副局长埃德·维勒（Ed Weiler）的支持，他从一开始就为这个项目提供了一贯的坚定支持。在 2003 年 2 月 11 日，宣布第一年实验结果的新闻发布会上，MAP 卫星正式改名为“威尔金森微波各向异性探测器”，缩写为 WMAP。“戴维的妻子和孩子们都非常高兴，我相信若戴维知道也会高兴的。”本内特说。

对于那些不在项目之中的人来说，好像从 WMAP 对火球辐射第一年观测结束，到发布第一年的结果，其间隔的时间太长了。数据记录是从 2001 年 8 月到 2002 年 8 月。但本内特指出，数据分析实际上只用了 6 个月，从 2002 年 8 月到 2003 年 2 月。“这已经快得令人吃惊了，”本内特说，“我们在夜晚和假期都在加班做这件事。”

项目组不得不搜寻任何能够想象到的系统误差，它们可能会污染数据。他们必须对数据进行校准，看是否有某些时期的数据不应该使用。他们必须建立来自银河系的信号模型，从观测数据中减去它。他们不得不建立了上万个宇宙学模型，看哪些与数据更相符。他们不得不写了许多厚厚的科学论文，不仅详细阐述了实验结果，而且如实描述数据从何而来，为什么数据值得相信，因此其他人才能再次核准。“我们为这些数据忙得不可开交。”本内特说。

但这一切都值得付出。“这里产生了科学史上被阅读次数最多的几篇文章。”本内特如是说。

MAP 卫星发现了什么

芮妮还记得 2003 年 2 月 11 日那天举办的 WMAP 实验结果新闻发布会“极其令人兴奋”。“我把孩子们从学校里接出来，乘坐地铁前往美国宇航局总部。查克已经跟我解释过很多次，所以我知道对微波背景的精密测量结果非常重要。”与COBE卫星不同的是，WMAP卫星对最后散射时期发生的过程很敏感。在那个时期，充满宇宙的光子和原子核混合体就像浴室里的水一样流淌激荡。浴室里的水有好多种流淌的方式，比如，它可以从浴室中央的大喷头里流出，也能从两个小喷头流出，还能从几个更小的喷头出水，最后各种方式出来的水都在水面上扩散形成涟漪。嗯，浴室里是这样，早期宇宙也是这样。大喷头表现为在宇宙背景辐射中冲击形成大范围的冷热点，而是小规模的涟漪在温度地图上仅表现为斑点。每一种“流淌模式”都有各自的特征温度提高。有些模式与天空平均温度的差距比较大，而其他的与平均温度差别很轻微。

WMAP已经发现了一些尺度上的热点温度提高较大，另一些尺度上的热点较小。把这些数据绘制在图纸上，热点的尺度按照从小到大进行从左到右的排列，就形成了一个形似山脉的温度“功率谱”，具有不同高度的峰和谷。这座“山脉”包含着关于宇宙的丰富信息。“这里面充满信息财富，”本内特说，“这些财富是我们梦寐以求了很久的。”

1970年，著名的美国宇宙学家艾伦·桑德奇说过，宇宙学是关于寻找“两个数字”的学问，即指出宇宙膨胀速度的“哈勃常数”，以及测量引力对膨胀刹车有多快的“减速参数”。“在WMAP卫星之后，数字已经变成了几十个。”本内特如是说。

每个峰和谷的位置和高度信息都可以解读出来关于价值无法估计的宇宙信息。比如，第一峰的位置与宇宙年龄和空间曲率有关，而它的告诉与宇宙中的原子数目有关。引人注目的是，本内特和他的同事们能够读出来的这些关于我们宇宙的关键数字，要么是前人所不知道的，要么是虽然知道但十分粗略的，尽管我们已经用世界上最大望远镜进行了数十年的辛勤观测。“WMAP 建立了宇宙学的标准图景。”本内特如是说。

这幅图景包括几个关键组件。第一个是组件，即公认发生在宇宙存在之初不足一秒时间里发生的超快猛烈膨胀，只有这样才能解释为什么宇宙各部分看起来离得足够远无法相互影响，今天却仍具有同样的温度。既然宇宙是从一个超级微小的区域暴胀而来，那个区域小得超过任何人的想象，所有的一切在暴胀之初都是相互有联系的。

暴胀发生得如此之快，比光速还快，以至于宇宙视界发生了收缩，从而把较大的温度团块搁浅在了可观测宇宙之外。只有当暴胀停止之后，视界才再度开始增长，是被搁浅的温度团块再度进入宇宙视界，最后脱离的也最先进入。“WMAP 卫星向我们展示的温度功率谱恰恰是这个图景所预言的，”本内特说，“这是类似暴胀之类的情景确曾发生过的强烈证据。”

宇宙学标准图景的第二个组件是暗物质。它的超强引力是加快宇宙早期的物质团块增长所要求的，只有这样，像银河系这样的大星系才能够在大爆炸之后较短时间里得以累积形成。WMAP 卫星精确地证明宇宙中“质量-能量”的 23%是以暗物质形式存在的，相比而言，仅仅 4%才是普通的物质，即构成你我、行星和恒星的原子物质。

如果你发现 23%加上 4%才不过是 27%，自然要追问其余的 73%到哪里去了，这是一个非常有趣，也就是另一个没来得及说的故事。因为宇宙正好处于永远膨胀和有一天将会回缩的临界线上，这个临界要求它含有的物质量非常特殊，也就是“临界密度”。这恰恰也是暴胀理论所预言的宇宙具有的密度。不过，在20世纪80年代，当时发现宇宙中的物质含量，包括可见物质和暗物质，才等于临界密度的约30%。天文学家内塔·巴考（Neta Bahcall）指出，假如并未发生过暴胀，那就很难理解为什么宇宙具有的密度如此接近临界密度，因为理论上物质可能是任意密度。另一方面，假如确实曾经发生过暴胀，那么必然有其他某种东西构成了剩余的70%的物质-能量，这样才能保证精确的临界密度。

1917年爱因斯坦在试图设计一个不存在变化的“静态”宇宙时，曾提出真空中可能具有一种奇异的排斥性能量。当埃德温·哈勃发现宇宙正在膨胀之后，爱因斯坦后来放弃了这个想法，并称之为他此生最大的错误。如果真空真的具有能量，它也相当于具有质量。这可能会使宇宙的物质总量增加到暴胀理论所要求的临界密度。

1998年，科学界被两个独立研究组的发现震惊了。他们都观测了超级遥远的“Ia型”超新星。这类超新星是由于具有相似特征的白矮星爆炸形成的所以被认为是“标准烛光”——也就是说，它们具有相同的本征亮度。因此它们可以用来确定遥远的宇宙距离。

这两个研究组发现的是，这些最遥远超新星的亮度，与根据红移推算出来的距离相比，看起来要更加暗淡。这就好像在超新星的光线飞向地球的这段时间里，有什么东西把超新星推得比预期中更远了。这种东西只能是宇宙的膨胀。与所有的预期相反，自这些很久以前的恒星爆炸以来，宇宙膨胀实际上在加速膨胀。

这跟科学家们的预期完全相反。长久以来科学家们认为支配大尺度宇宙的唯一作用力就是引力。这就像一个弹性网络，连接着星系，在它们各自飞散的同时也连着刹车。星系正在更快地飞走，意味着宇宙中有某种其他的力在起作用，就像宇宙斥力，或者正像爱因斯坦曾经设想过后来又放弃的“宇宙学常数”。它被戏称为“暗能量”，是我们宇宙的主要成分。但我们在 1998 年之前一直都没注意到它的存在。

暗能量挽救了暴胀理论。算上占宇宙“物质-能量”73%的暗能量，宇宙正好具有了临界密度。但这就像把一把沉重的扳手扔进了精妙的物理陈列室。我们最好的物理学理论是量子理论，它已经将所有已知的实验结果预言到了小数点之后好几位。但当量子理论用在预言真空的能量密度时，真空密度被高估的倍数为 1 后面跟着 120 个零！这可是科学史预言和观测之间最大的偏差了。虽然存在这个问题，暗能量相对来说还是很快被大多数天文学家迅速地接纳了。尽管如此，在 WMAP 卫星发射时，还是有许多人怀疑暗能量的存在。“我们真的那么了解 Ia 型超新星吗?”怀疑者提出了这个疑问。可能它们并不是完全一样的，可能他们并不是标准烛光。“WMAP 卫星改变了这种状况，”本内特，“数据的峰和谷恰好与具有 73%暗能量的宇宙是一致的。”

根据美国《科学》杂志在它 2003 年“年度突破”文章里说：“当 WMAP 卫星获得了史上最详细的宇宙微波背景图像之后，围绕着暗能量是否存在和宇宙成分的疑问就烟消云散了。”

所以现在，我们终于了解了宇宙的精确成分：73%的暗能量，即具有排斥力的不可见的神秘材料；23%的暗物质，具有正常引力的不可见的神秘物质；以及 4%的普通物质。实际上，天文学家用望远镜看到的一切还不到 4%的一半，其余的还隐藏在某处，可能是以稀薄的星系际气体或黑洞的形式存在。

可能最不可思议的是，我们能够把如此神秘的事情弄得如此之精确。毕竟，宇宙中足足有98%的质量还是以我们并不怎么了解的形式存在的。

确定宇宙学标准模型还并不是WMAP卫星最后的贡献。人们曾经认为宇宙年龄是为90亿～150亿年。正是WMAP卫星把年龄确定为137亿年，精确度为±1%，这个数字也已成为所有宇宙学讨论中的标准。“这个数字甚至登上了吉尼斯世界纪录，被称为‘对宇宙年龄最好的确定’。”本内特如是说。

人们还曾经认为最后散射时期的开始始于红移“约1000”之时。WMAP把它确定为1098，精确度也达到惊人的±1。人们曾经并不知道第一代恒星是大爆炸之后何时形成的。WMAP发现了宇宙中的氢早在创世之后4亿年就受到第一代恒星发出的紫外光再次电离的证据。恒星的出现比所有人预期的都要早，就像一场风暴席卷宇宙。

严格说来，精密宇宙学开始于COBE卫星把微波背景的温度测量到难以置信的精确值2.725开。但有趣的是，在这个数值并没有多少改进的余地了。正是WMAP卫星以及它观测到的宇宙涟漪令人震惊的特征真正引出了精密宇宙学时代。“不是我们创造了包括暴胀、暗物质和暗能量的‘标准模型’，”本内特说，“但我们确定所有相关数值的精确值。”“他们从微不足道温度差异中获得了那么多关于宇宙的知识，这至今仍让我惊叹不已。”他的妻子芮妮如是说。

WMAP项目发布了第一年数据之后，又发布了两年、三年、四年的数据每次都提高了测量的精确度。这个实验项目超出了所有人的预期。“噢，我们一开始只想着测量我们想测量的内容，”本内特说，“即使我们自己都为获得的精确度而感到震惊。”

对本内特来说，所有那些难以诉说的辛苦工作、所有的紧张，甚至包括胆结石，都值得了。就像孕育孩子一样，在孩子出世后的兴奋中，大多数痛苦都被忘却了。“我真的不觉得这辈子还能有什么更值得我去付出了，”他说，“能够从事这项事业是我的荣幸，能够跟这批人一起工作也是我的荣幸。”

本内特和他的同事们用了十多年间，改变了以往所有人类历史积累下的人类宇宙图景。人类第一次有机会追问关于宇宙的真正的终极问题，也相当有把握在不远的将来回答这些问题。大爆炸是什么？是什么驱动了大爆炸？大爆炸之前发生了什么？为什么那里是“有”而不是“无”？这真的是终极追问。宇宙学还从未如此明朗。

或者看上去如此。

虽然 WMAP 卫星成功支持了宇宙学标准模型，但它也提出了许多疑问。“没有知道这些疑问是否重要，”本内特说，“但没有人能够置之不理。”

宇宙微波背景辐射上的冷热点标识出来的是早期宇宙中物质密度比平均密度略低或略高的位置。正如此前指出的，它们是“种子”，由此最终生长成为我们今天所见的巨大星系团。根据暴胀理论，这些种子是从“量子涨落”，即宇宙存在之初的时空高能振动成长而来。“量子涨落”尺度比今天的原子还要小，它们被暴胀过程的伟力放大了许多许多倍。

这个图景作出了一个重要的预言：既然量子涨落本质上是随机的，宇宙背景中的热点应该是完全随机地散落在整个天空，无论大小。

但实际看到的情况并非如此。最大的温度斑（专业名词上称为“四极矩”和“八极矩”）看上并非随机分布，而是一个接一个排列起来的。物理学家乔奥·马盖若（João Magueijo）把它们排列的方向戏称为“邪恶轴心”，这个名字就这么定下来了。

回忆一下，在早期宇宙中光子和原子核就像浴室中的水一样流动。如果浴室，或宇宙在某一个方向上比其他方向较小，那么就可能限制了流动的模式，导致它们依次排列。有些科学家认为宇宙可能是沿着两个方向比另一个方向伸展得更多，也就是可能像个扁平的光盘。还有人甚至认为最简单的大爆炸模型可能错了。

超乎寻常的论断需要超乎寻常的证据[①]。“事实上我们真的不知道为什么邪恶轴心的排列到底有多特殊，”本内特说，“它可能纯属偶然。”

WMAP 卫星还引出了一些疑问，但可能最有意思的要属在微波背景图上的南半球出现的巨大冷点。一些射电天文学家声称这跟那里存在一个巨大的空洞有关，即那里比周围空间的星系要稀少得多甚至是空白。但这仍存在争议。如果它是一个巨大的空洞，那么在宇宙学上又提出一个大问题。在暴胀理论中，低密度区域和高密度区域一样，都是量子涨落的结果。但小涨落是随处可见的，但像导致如此巨大空的涨落相对较少。WMAP 微波地图上见到的空洞确实不太可能。

有一种激动人心的可能性是与暴胀有关。根据这个理论，最

---

① 这句话来自美国行星物理学家、科普作家卡尔·萨根。——译者注

初存在暴胀相真空，它增长迅速，其中除了能量空无一物。宇宙各处的真空成分开始随机衰变，这里一片，那里一片，在暴胀相真空里到处都出现小空泡，这些空泡是正常的真空，每一片空泡内部，真空里的巨大能量以物质创生的形式释放出来，产生了令人难以置信的高温。这样所产生的大爆炸宇宙就是跟我们所在的宇宙是类似的。

这样暴胀的一个重要特点是它永远不会结束，也就说它是“永恒的”。真空增长如此之快，以至于新生的速度比由于衰变成空泡而消失的速度更快。因此，每一个大爆炸空泡迅速地彼此退行，永远地孤立于虚空之海。但是，如果两个或更多空泡在暴胀相真空里一起形成了呢？如果它们在被拉开之前就发生了碰撞呢？它们可能在对方那里留下痕迹吗？比如某种印记？某种“宇宙指纹”？

WMAP 卫星发现的冷点可能是这样的印记吗？它是关于我们的宇宙之外还存在另一个宇宙的第一个证据吗？“显然我对这个说法持慎重态度，”本内特说，“但是，显然，它可能是暴胀以及存在其他宇宙的印记，这实在是太激动人心了。”

2006 年，为本内特和他的同事们锦上添花的事情来了。诺贝尔奖委员会宣布，当年的诺贝尔物理学奖授予约翰·马瑟和乔治·斯穆特，“为表彰他们发现宇宙微波背景辐射的黑体性质和各向异性”。“我们所有参与 COBE 项目的人都非常骄傲，”本内特说，“我们认为这个奖是颁发给了整个项目组取得的科学成果。”

但也有美中不足之处。COBE 卫星在太空中执行了三项实验，所以有三位首席研究员，另一位是迈克·豪瑟。“要是委员会把这个奖给他们三人就更好了，”本内特说，“当然，约翰·马瑟是COBE项目的领导者，早在1974年就在推动整个项目了，连傻瓜都会知道诺贝尔奖应该发给他。”

对于斯穆特，人们也不再真的憎恨他了。不过，很显然自从1992年COBE项目登上世界各地新闻头条那一刻起，这个发现将获得诺贝尔奖已成定局，正如1965年宇宙微波背景的发现一样。马瑟作为项目的发起人，显然是必然的人选。但诺贝尔奖通常倾向于发给不止一个人。有那么多人参与了COBE项目，那么谁将与马瑟分享荣誉呢？那个人就是乔治·斯穆特。“从一开始，乔治就协同各方在众人之中凸显了他自己，”本内特说，“这是毫无疑问的。他为了诺贝尔奖很努力地运动了很久。”

这跟本内特形成了有趣的对比。2003年，WMAP卫星第一年实验结果在新闻发布会成功向全世界之后，本内特也接到了著作经纪人乔治·布罗克曼的电话，他就是那个据报道提前支付给斯穆特200万美元的人，后来出版了著作《时间涟漪》。布罗克曼问本内特，想不想写一本书？本内特知道这样做他个人会受到广泛的关注。“需要我做的就是写一本关于WMAP的书，然后花几年时间在世界各地旅游，推销自己，就像斯穆特做的那样。”他如是说。但本内特拒绝了布罗克曼的邀请，把会谈邀请转给了项目组的其他科学家。“不从事科学工作我就完了，”他说，“我热爱的工作就是科学。”

如果有重新来过的机会的话，本内特还会把WMAP项目再做一遍。“我这一生真的是非常幸运。大多数人根本没参与过太空项目，而我参与了两个，”他说，“最美好的就是，我没有搞砸!”

致 谢

在我写过本书过程中，有许多人给予了帮助，特别是美国进行访问旅行时遇到的每个人都格外慷慨地腾出时间。我要特别感谢普林斯顿大学的戴维·威尔金森、吉姆·皮布尔斯和鲍勃·迪克，新泽西州霍姆德尔市的贝尔实验室美国电话电报公司的罗伯特·威尔逊，费城哈弗福德学院的布鲁斯·帕特里奇，以及马里兰州格林贝特市的美国宇航局太空飞行中心的约翰·马瑟和查克·本内特。实际上，我要感谢两次查克·本内特（包括他的妻子芮妮），他花了大量的时间耐心地帮我更新了创世余辉的最新故事。

我还要感谢之前在伦敦玛丽皇后学院任职的德里克·马丁，他把关于宇宙背景辐射的整个档案柜里的资料都借给了我。还有加州大学伯克利分校的乔治·斯穆特、德克萨斯大学奥斯汀分校的罗伯特·赫尔曼、普林斯顿大学的莱曼·佩奇、温哥华大学的赫布·古实，以及迈克尔·罗恩-罗宾逊、约翰·贝克曼、约翰·格里芬、安迪·麦基洛普、肯·克罗斯韦尔、奈杰尔·亨毕斯、约翰·埃姆斯利、杰夫·赫奇特和迈克尔·怀特。

如果不是尼尔·贝尔顿，本书永远不会完成，他充分信任我能够做好它，没有亨利·沃伦斯也就不会有这本更新版，我真诚地感谢你们两位。我还要感谢我写作本书时的经纪人默里·波林格尔，以及现在的经纪人费利西蒂·布赖恩，以及本书编辑伊恩·巴拉米。

不过，最重要的是，我要感谢我的妻子卡伦，她容忍我每天拂晓起来写作，她对每一章都给出了重要的评论，让我有信心每一章的解释都不至于太晦涩。我希望还有一点是不用说，以上提及的所有人都不必为本书里我造成的任何错误负责。

术语表

绝对零度 absolute zero 假想中可能达到的最低温度（−273.15℃）。随着物体被冷却，原子运动越来越慢。达到绝对零度时，原子都停止了运动。（实际上，这也不完全对，因为即使在绝对零度，海森伯不确定性原理仍要求有残留的振动。）

创世余辉 afterglow of creation 见“宇宙背景辐射”cosmic background radiation.

半人马座α alpha centauri 离太阳最近的恒星系统。它包含三颗恒星，距离我们4.3光年。

仙女星系 andromeda 离我们的银河系最近的大星系，距离约250万光年。银河系和至少有40个星系一起构成一个集团，称为本星系团，其中仙女星系和银河系是起主导作用的大星系。

天线 antenna 任何能够把空中自由传播的电磁波转化为导行电磁波的装置，比如，中空的金属“波导管”上安装的天线。

人择原理 anthropic principle 这是关于宇宙为何是这样的一种思想，它认为如果宇宙不是这样，我们就不会在这里观察宇宙了。换言之，我们自身存在的事实即是一项重要的科学观测结果。

反物质 antimatter 即大量反粒子的堆积。反质子、反中子和正电子确实可以构成反原子。原则上没有任何理由排除反恒星、反行星甚至反生命存在的可能性。物理学的一大谜题是，物理学定律语言物质和反物质的比例非常接近 50/50，可为什么看上去我们是生活在一个仅仅由物质构成的宇宙之中。

反粒子 antiparticle 每一种亚原子粒子都有一种具有相反性质（比如电荷）的相关反粒子。例如，带负电的电子与被带上正电的所谓正电子构成一对儿。当粒子与其反粒子相遇时，它们会自相毁灭，即“湮灭”，发出高能光子，即伽马射线。

原子 atom 所有常见物质的基本构成单元。原子中含有被电子云包围的核。原子核的正电荷恰好与电子携带的负电荷相平衡。1 个原子大小约为 1 厘米的千万分之一。

原子核 atomic nucleus 在原子中心由质子和中子（对于氢，只有一个质子）组成的致密集团。原子核里拥有原子超过 99.9%的质量。

邪恶轴心 axis of evil 这个名词指的是在 WMAP 卫星观测到的宇宙背景辐射所见的最大的温度斑点（用专业名词来说，这种排列是介于“四极子”和“八极子”之间）。这样一种排列是不太可能发生在标准的暴胀宇宙学图景之下。还没有知道这种异常是否显著。

宇宙大爆炸 big bang 在 137 亿年发生的，产生了我们宇宙的一次剧烈爆炸。“爆炸”这个词实际上并不准确，因为宇宙大爆炸是同时发生在所有地方，在宇宙爆发之时没有任何预先存在空隙。空间、时间和能量都是在宇宙大爆炸中生成的。

大爆炸理论 big bang theory 这个理论认为宇宙是在137亿年前在超级致密、超级炽热的状态下开始的，从那之后一直在膨胀并冷却。

大挤压 big crunch 如果宇宙中存在足够的物质，其引力将来某一天会使宇宙膨胀终止并翻转，因此宇宙会在收缩到大挤压状态，也就是大爆炸的一种时间镜像。

黑体 black body 这种物体吸收照射其上的所有热量。这些热量均匀分配在物体内所有原子上，这样一来物体的热辐射与物体的组成成分无关，仅仅与其温度有关，具有容易识别的鲜明的特征。也称为热辐射。恒星是近似的黑体。

黑洞 black hole 当一个巨大质量的物体因引力收缩而成为一个点时剩下的严重扭曲的时空即是黑洞。没有任何东西，甚至连光也不能从中逃脱，因此它是黑的。宇宙中看来至少包括两种不同类型的黑洞：恒星尺度的黑洞，是很大质量的恒星内部无法继续产生热量平衡其引力时形成的；以及超大质量黑洞。看起来大部分星系中心都有一个超大质量黑洞，它们的质量范围从银河系黑洞的几百万倍太阳质量到高能类星体的几十亿倍太阳质量。

一氧化碳 carbon monoxide 由一个碳原子与一个氧原子化合而成，它是恒星级空间除氢气分子H_2之外最常见的分子。

造父变星 cepheid variable 这是一类非常明亮的黄色恒星，会发生周期性的膨胀和收缩。脉动周期与恒星的本征光度有关。这意味着观测造父变星时，它的周期就显示了它的真实光度，与其视亮度对比就可以知道它的距离。造父变星在测量像仙女星系这样的邻近星系上扮演了重要角色。

冷负载 cold load 为了对天体射线波源的有效温度进行绝对

测量而建造的进行对比的参考标准。对宇宙背景辐射来说，经常用到的是液氦温度的冷负载，因为它的温度为 4.2 开，与背景辐射温度 2.725 开非常接近。

哥白尼原理 Copernican principle 这个原理认为，我们在宇宙中所处的位置无论空间还是时间上都不具有特殊性。这是哥白尼对于地球并不位于太阳系中心特殊位置而仅仅是围绕太阳的一颗行星这个想法的推广版本。另见 宇宙学原则 Cosmological Principle.

宇宙背景探测卫星 COBE cosmic background explorer satellite (cobe) 这颗卫星发射于 1989 年，目的是测绘大爆炸火球的“余辉”——宇宙微波背景辐射的温度的全天空分布。COBE 发现背景辐射的平均温度存在微小的变化，是在宇宙诞生之后 38 年物质开始成团所产生的。这些团块是今天宇宙中巨型超星系团的“种子”。

宇宙背景辐射 cosmic background radiation 宇宙大爆炸火球的“余辉”。不可思议的是，在 137 亿年之后，它仍然充满所有的空间，微弱的微波辐射信号有效温度相当于－270℃。

宇宙背景辐射的各向异性 cosmic background radiation，anisotropy of 宇宙大爆炸辐射在全天各点温度之间的微小差异。这与宇宙开始后 38 万年最后散射时期的宇宙里物质成团有关。

宇宙背景辐射的偶极各向异性 cosmic background radiation，dipole anisotropy of 由于太阳相对于宇宙背景辐射的运动所造成的大爆炸辐射温度的变化。它引起在运动方向上辐射温度略高，而反方向上温度略地。

宇宙微波背景辐射功率谱 cosmic background radiation，power spectrum 宇宙背景辐射的热点的温度与热点尺寸之间的关系。

在图谱中，从左到右，热点的尺寸大小逐渐减小，曲线表现为一系列的山脉和峡谷。每座“山峰”位置和高度都能解读出来表征我们宇宙特点的参数。

宇宙微波背景 cosmic microwave background 见宇宙微波背景辐射 cosmic background radiation.

宇宙射线 cosmic rays 来自宇宙的高能原子核，大部分是质子。低能的射线可能来自超新星。超高能宇宙射线的能量比目前我们在地球上能产生的任何粒子能量还要高几百万倍，它们的来源还是天文学上最大的一个未解之谜。

宇宙再电离 cosmic reionisation 电离即氢原子被分成组成它的质子和电子的过程，根据威尔金森微波各向异性探测器（WMAP），这个过程开始于宇宙大爆炸后 4 亿年。最可能的原因是第一代恒星形成时释放的强烈紫外线涌入太空引起的，这些恒星质量极大，温度极高。

宇宙斥力 cosmic repulsion 这种力正在导致宇宙加速膨胀，它产生的原因是暗能量的排斥性引力，我们看不见暗能量，但它在宇宙中无处不在。

宇宙涟漪 cosmic ripples 见宇宙背景辐射的各向异性 cosmic background radiation，anisotropy.

宇宙学常数 cosmological constant 一种由真空施加的排斥力。它最初是爱因斯坦往他的方程里添加的一项，以平衡引力使宇宙不随时间而变化。他后来称之为他最大的错误。但是，它作为导致宇宙正在加速膨胀的一种可能性解释而获得了新生。

宇宙学原理 cosmological principle 这个思想认为无论你身在

何处，宇宙看起来都是一样的——也就是说，在任何地方都一样（均匀）且任何方向都一样（各向同性）。这个思想使得爱因斯坦的引力方程应用于宇宙之后得以简化，从而得到了宇宙大爆炸的各种解。

完美宇宙学原理 cosmological principle，perfect 这种思想认为无论你身在何处或任何时代，宇宙看起来的都是一样的。这种思想使爱因斯坦的引力方程应用于宇宙之后得以简化，从而得到了稳恒态解。

宇宙学 cosmology 一门终极科学。这门科学的主题关注整个宇宙的起源、演化和最终命运。

宇宙 cosmos 宇宙的另一种表达。

氰 cyanogen 由一个碳原子和一个氮原子化合而成的分子。恒星际氰分子像哑铃一样转动，转动比预期要快一些，因为它们吸收了微波背景辐射的光子。

暗能量 dark energy 具有排斥引力的神秘“成分”。它是在1998年被意外发现的，它不可见，充斥于所有的空间，表现为推开星系，因而使宇宙膨胀加速。它占宇宙质量-能量的73%，与之相比，普通的重子物质仅占4%。还没有人知道它究竟是什么。

暗物质 dark matter 一种不会发出可见光的物质，其存在是由它对恒星和星系等可见物质的引力作用而推断出来的。宇宙中暗物质的质量比普通物质还要多大约6倍。它可能是由某些类别的至今未知的亚原子粒子组成的。

冷暗物质 dark matter，cold 由速度比光速慢得多的亚原子粒子构成的不可见的暗物质。它因此会受到引力作用束缚而倾向于成团存在。

热暗物质 dark matter, hot 由速度快得接近光速的亚原子粒子构成的不可见的暗物质。它不会被引力作用束缚，因此倾向于被均匀地“涂抹”在整个宇宙中。

减速因子 deceleration parameter 这是宇宙大爆炸模型里用以描述引力对宇宙膨胀的刹车效应的量。

密度 density 物体的质量除以其体积得到的量。空气密度低，铁密度高。

爱因斯坦引力理论 Einstein's theory of gravity 见广义相对论 relativity, general theory of.

电荷 electric charge 微观粒子的一种性质，分为两类，即正电荷和负电荷。例如，电子带有一份负电荷，质子带有一份正电荷。带同种电荷的粒子相互排斥，带异种电荷的粒子相互吸引。

电流 electric current 带电粒子（通常是电子）在导体内流动形成的“河流”。

电磁波 electromagnetic wave 这种波由周期性增长并消亡的电场和磁场构成，电场和磁场交替改变对方。电磁波是由发生振动的电荷产生，以光速在空间中运动。

电子 electron 通常在原子核周围发现绕转的带负电荷的亚原子粒子。据目前所有的验证判断，电子无法被分割，是一种真正的基本粒子。

元素 element 无法以化学方法继续简化的物质。某种特定元素所有原子的核内具有相同质子数。例如，所有的氢原子都只有一个质子，所有的氯原子有 17 个质子，等等。

重元素 element, heavy 指比氦、锂更重的任何一种元素，它们是大爆炸之后在恒星熔炉里形成的。

轻元素 element, light 在宇宙开始之后1到10分钟内即在大爆炸火球中形成的氢、氦、锂等元素。

能量 energy 一种几乎不可能进行定义的物理量。能量永远不可能被创造或毁灭，只能从一种形式转化为另一种形式。最为人所熟悉的形式是热能、动能、电能、声能等。

能量守恒 energy, conservation of 这个定律指出，能量永远不可能被创造或毁灭，只能从一种形式转化为另一种形式。

最后散射时期 epoch of last scattering 这个时期大约是在宇宙开始之后38万年，当时大爆炸火球已经冷却到足够使电子和原子核结合形成最早的原子了。因为自由电子很容易使光子改变方向，也就是发生“散射”，所以此前光不可能进行直线传播，宇宙因而不透明的。一旦电子被原子清扫干净，光子就可以毫无阻碍地进行直线运动，宇宙变得透明了。今天，我们还能接收到来自这一时期的光子，在过去137亿年宇宙膨胀过程中已经大大冷却，它们就是宇宙背景辐射。

事件视界 event horizon 围绕黑洞的单向“膜”，无论是物质还是光，任何东西都只能落进去，不可能再出来。

膨胀宇宙 expanding universe 见膨胀宇宙 universe, expanding.

火球辐射 fireball radiation 见宇宙背景辐射 cosmic background radiation.

频率 frequency 波上下（或前后）振荡的快慢。频率的单位是赫兹（Hz），1赫兹即每秒完成一次振荡。

频段 frequency band 一段频率范围。

基本作用力 fundamental force 一共有四种，据认为所有的现象背后都是它们在起作用。这四种力是引力、电磁力、强力和弱力。物理学家们强烈怀疑这些力其实只是一种超作用里的不同侧面。实际上，已经有实验证明电磁力和弱力只是同一枚硬币的两面，获得了统一。

基本粒子 fundamental particle 物质的基础组成单元。目前，物理学家认为存在六种不同的夸克和六种不同的轻子，也就是一共 12 种真正的基本粒子。夸克有望被证明只是轻子的不同存在形式。

星系 galaxy 宇宙的基本组成单元之一。星系是巨大的恒星之岛。我们所在的这个岛即银河系，它的形状是旋涡星系（更准确地说是棒旋星系），含有约 2 千亿颗恒星。

星系团 galaxy cluster 由彼此之间的引力而束缚在一起的星系集群。这样的星系团包含的星系数目可能从几十个（如我们银河所在的本星系群）到几百甚至上千个。

超星系团 galaxy supercluster 由彼此之间的引力而束缚在一起的星系团的集群。

伽马射线 gamma ray 能量最高形式的光，通常由原子核本身发生改变所产生。

气体 gas 在空间里像一群小蜜蜂一样飞行的原子集合。

广义相对论 general theory of relativity 爱因斯坦的引力理论，它证明引力只不过是时空的弯曲。这个理论的一些思想与牛顿引力理论不相容。其中一个想法是，没有任何东西，包括引力本身，能够传播得比光速更快。另一个是所有形式的能量都具有质量，因此也是引力源。另外，这个理论预言了黑洞、膨胀宇宙，以及引力会使光线的路径发生弯曲。

引力 gravitational force 自然存在的四种基本作用力中最弱的一种。引力可以用牛顿的万有引力定律大致描述，但更精确的描述是爱因斯坦的引力理论，即广义相对论。广义相对论在黑洞中心的奇点和宇宙诞生的奇点处失效。物理学家正在寻找对引力更好的描述。这个理论已经被戏称为量子引力，将会以被称为引力子的交换粒子来解释引力。

引力 gravity 见引力 gravitational force

海森伯不确定性原理 Heisenberg uncertainty principle 这是一个量子原理，讨论的是某些成对物理量，如一个粒子的位置和距离，它们不可能同时通过精确测量而获得。不确定性原理为这样一对物理量的测量能精确到什么程度设置了限制。实际上这意味着，如果粒子的速度可以精确知道，那么就不可能知道这个粒子在什么位置。反之，如果位置可以完全确定，那么粒子的速度就是不可知的。通过限制我们能知道的情况，海森伯不确定性原理使自然具有了“模糊性”。这就像如果我们离得太近，一切都会像报纸上的图片分解成了模糊的小点。

氦 helium 自然中第二轻的元素，也是唯一首先在太阳中发现然后才在地球上发现的元素。氦也是宇宙中第二丰富的元素，占所有原子数的约10%，仅次于氢。大多数氦是在宇宙大爆炸中产生的。

氦-3 helium-3 氦的一种较轻的形式，即同位素，仅含有1个中子和2个质子，而不像常见的氦-4含有2个中子和2个质子。

液氦 helium, liquid 这种液体具有最低的沸点。在4.2开以下，氦凝聚为液体。在2.17开以下，它会变成“超流体”，具有向上爬的本领，并从不可思议微小空洞里挤出来。

光学视界 horizon，light 见宇宙光学视界 light horizon，cosmic.

视界疑难 horizon problem 这个难题是说，宇宙相距很远的各部分之间永远无法彼此取得联系，即使在大爆炸时期也不行，但它们具有几乎同样的性质，比如密度和温度。从技术上，它们总是处在彼此的视界之外。暴胀理论提供了一种让这些区域在大爆炸时能够彼此沟通的方式，因此可能已解决了世界疑难。

哈勃常数 Hubble constant 宇宙大爆炸模型中表示当前宇宙膨胀速度的量。

哈勃定律 Hubble's law 这指的是星系退行的速度与它们的距离成正比，也就是说，距离 2 倍远的星系逃离速度也是 2 倍，距离 3 倍则速度也是 3 倍，以此类推。

氢 hydrogen 自然中最轻的元素。氢原子中仅有一个质子，被一个电子环绕。宇宙中接近 90%的原子都是氢原子。

永恒暴胀 inflation，eternal 暴胀的一般性质。虽然暴胀真空，或称伪真空持续不断地衰变成普通的真空泡，也就是产生各种大爆炸宇宙，但在区域内伪真空增长的速度要大于衰变的速度。因此，暴胀一旦开始就停不下来。

暴胀理论 inflation，theory of 这个思想是指在宇宙最初的极短时间（远不足一秒）经历过极其迅速的膨胀过程。在某种意义上说，暴胀是在习惯上所谓的大爆炸之前。如果大爆炸像是手榴弹爆炸的话，暴胀就像是氢弹爆炸。暴胀理论可以解决大爆炸理论的一些问题，比如视界疑难。

红外线 infrared 由温热物体发出的一种不可见的光线。

恒星际介质 interstellar medium 漂浮在恒星之间稀薄的气体和尘埃。在太阳附近这种气体的密度约为每立方厘米 1 个氢原子，这要比地球上用任何手段所能达到的真空还要空得多。

恒星际空间 interstellar space 恒星之间的太空。

离子 ion 通常指被剥夺或者获得一个或多个轨道电子的原子或分子，所以它带有正电或负电。

同位素 isotope 元素可能具有的形式。同位素之间的区别是具有不同的质量。比如，氯有两种稳定同位素，质量数为 35 和 37。质量差别是由于原子核内的中子数不同造成的。比如，氯-35 有 18 个中子，氯 37 有 20 个中子（它们的质子数相同，都是 17，这决定了它们是同一种元素）。

拉格朗日 2 点 Lagrange-2 point 太阳-地球系统中物体受到的引力和向心力达到平衡的 5 个位置之一，因此，原则上说，它可以永远停留在这里。L_2 点位于太阳和地球连线上，地球背离太阳方向上离地球 150 千米。

光 light 一种电场和磁场交替变化的波，也称为电磁波。

光速 light, speed of 宇宙速度的极限，约 30 万千米/秒。

宇宙光视界 light horizon, cosmic 宇宙具有视界，就像在船上看到四周海洋上的海平线一样。宇宙具有视界的原因是光速是有限的，而且宇宙存在的时间也是有限的。这意味着我们只能看到那些自宇宙大爆炸以来光已经达到我们的那些天体。因此可观测宇宙就像是环绕地球的一个泡，视界就是这个泡的表面。每天宇宙都会变老一点儿（一天），所以视界每天都向外扩展，新天体就可见了，就像船在海上向着海平线前进一样。

光年 light year 表示宇宙中距离的一种习惯单位。它简单地指光在一年中走过的距离，即 9.460 万亿千米。

光度 luminosity 像恒星这样的天体每秒中向太空发出的光的总量。

磁场 magnetic field 磁铁或磁性物质周围的一种力场。

MAP 见 WMAP.

质量 mass 对物体内有多少物质的一种度量。物质是能量最为集中的一种形式。一克物质内含有的能量相当于 100 吨炸药。

质能 mass-energy 物体的纯粹物质形式所具有的能量。它可以由物理学中最著名的质能方程给出，即 $E=mc^2$，其中 E 为能量，m 为质量，c 为光速。

物质 matter 能量最为集中的一种形式。

原子物质 matter，atomic 这只是宇宙内容的一小部分。尽管你我以及恒星、行星都是由原子物质构成的，但它仅仅是宇宙质量-能量的 4%，其余的是暗物质和暗能量。

物质主导时期 matter-dominated era 宇宙中物质形式的能量密度超过光形式的能量的时期。这是不可避免会出现的，因为随着宇宙膨胀稀释光能的速度比稀释物质能量的速度要快得多。我们正生活在物质主导时期。

微波 microwave 波长范围从几厘米到几十厘米的电磁波类型。

微波号角 microwave horn 用以收集并聚焦来自天空微波的隧道型天线。

银河系 milky way 即我们所在的星系。

分子 molecule 由电磁力连接在一起的原子集团。碳原子可以和自身和其他原子相连接，形成海量的各类分子。因此，化学家过去把分子分为以碳为基础的“有机”分子，和以其他原子为基础的无机分子。

恒星际分子 molecule, interstellar 在太空中已经发现漂浮着超过一百种分子，其中包括乙醇和一种简单的氨基酸即甘氨酸。每种分子都会辐射其特征光线，可以被望远镜接收到。

多宇宙 multiverse 关于宇宙更大范围的猜想，即我们的宇宙只是数量巨大、相互隔绝的不同宇宙之一。大多数宇宙是沉寂的因而毫无乐趣。只有一小部分宇宙里的物理学定律能促成恒星、行星和生命的出现。

美国宇航局 NASA 全称是“美国国家航空航天局”，也叫“美国太空局”

星云 nebula 太空中的一种稀薄气体云。如果气体中埋藏着年轻的炽热恒星，星云就会发亮。如果其中没有恒星，星云就表现为黑斑，会遮挡住更遥远的星光。

中微子 neutrino 中性亚原子粒子，质量非常小，速度接近光速。中微子几乎不跟物质发生相互作用。不过，当它们大量产生是，也能够炸毁一颗恒星，超新星内部就是如此。

中子 neutron 原子中心的原子核两大主要成分之一。中子基本上与质子的质量相同，但不带电荷。中子在原子核外不稳定，约 10 分钟内解体。

中子星 neutron star 在自身重力下，恒星收缩至体积很小，大多数物质被压缩成为中子。这样的一颗中子星典型直径大小只有 20～30 千米。一颗糖块大小的中子星物质就跟所有的人类重量相当。

牛顿万有引力定律 Newton’s universal law of gravity 这里理

论是说，任何物体都隔空相互吸引，吸引力与它们各自质量的乘积成正比，与它们的距离平方成反比。换言之，如果物体的距离加倍，力大小就变成原来的 1/4，距离变成 3 倍，力就变成1/9，以此类推。牛顿的引力理论在一般情况下应用非常完美，但实际上只是一种近似。爱因斯坦对此提出了改进，即广义相对论。

新星 nova 两颗很接近的恒星组成双星系统，其中一颗如果是超级致密的白矮星，就会从另一颗恒星上吸积物质。当物质积累到足够多时，就会引发一场核聚变反应的狂欢，引发爆炸。

核聚变 nuclear fusion 两个轻核结合形成一个较重的原子核，在这个过程中会导致释放出核结合能。对人类来说最重要的核聚变过程，是太阳中心氢原子核结合形成氦核的反应，因为它的副产品就是阳光。

核反应 nuclear reaction 任何把某种原子核转变为另一种原子核的过程。

核统计平衡 nuclear statistical equilibrium 核反应中的一种激烈状态，指形成某种原子核的速度与破坏它的核反应速度同样快。虽然情况很混乱，但每一种原子核的丰度依然保持不变，仅仅取决于温度和原子核的性质。

核合成 nucleosynthesis 从轻元素逐渐形成重元素的过程，它或者发生在宇宙大爆炸时期（大爆炸核合成），或者发生在恒星内部（恒星核合成）。

大爆炸和合成 nucleosynthesis, big bang 在宇宙最初 1 到 10 分钟内合成轻元素的过程，这个过程产生了宇宙中绝大部分氦。

恒星核合成 nucleosynthesis, stellar 在恒星熔炉里合成碳和铁等重核的过程。

核 nucleus 见原子核 atomic nucleus.

放射性核 nucleus，radioactive 不稳定的核，充满了过多的能量。它可以通过发射粒子，也就是衰变来脱离这种状态。

奥伯斯佯谬 Olbers’ paradox 由 19 世纪德国天文学家海因里希·奥伯斯公开提出的悖论，指夜间天空是黑暗的这个事实，因为如果宇宙是无限大的，它应该像一颗典型恒星的表面一样亮。实际上，这一点是由德国天文学家约翰内斯·开普勒在 1610 年首先指出来。

光子 photon 光的粒子。

等离子体 plasma 由离子和电子构成的带电气体。

正电子 positron 电子的反粒子。

质子 proton 原子核的两种主要组成单元之一。质子携带一个正电荷，与电子电量相等，符号相反。

脉冲星 pulsar 快速旋转的中子星，像灯塔一样向太空扫射出强烈的射电波。

量子 quantum 某样东西可以分解成的最小单位。比如，光子是电磁场的量子。

量子宇宙学 quantum cosmology 应用于整个宇宙的量子理论。既然宇宙曾经比一个原子还小，就有必要尝试这个理论，以理解大爆炸中宇宙的诞生。

量子涨落 quantum fluctuation 海森伯不确定性原理所允许的从真空中出现的能量。通常，这类能量是以虚粒子形成出现的。

量子理论 quantum theory 从根本上说，量子理论是原子及其成分组成的微观世界的理论。倾向于多世界解释的人认为它也可以用于描述大尺度的世界。

量子真空 quantum vacuum 见 Vacuum，Quantum.

类星体 quasar 一类星系，其中物质向中心巨大黑洞旋进过程中物质被加热到数百万开，星系由此获得巨大的能量。类星体在比太阳系还略小的体积中产生相当于一百个普通星系的光，因此类星体是宇宙当中能量最高的天体。

辐射主导时期 radiation-dominated era 早期宇宙中辐射（即光）能量密度大于物质密度的时期。巧合的是，这一时期正好在最后散射时期之前结束。

射电波 radio wave 一种波长较长的电磁波，波长大于 1 厘米。

放射性衰变 radioactive decay 不稳定的重核分解成为较轻的、更稳定的原子。这个过程伴随着辐射阿尔法粒子，或贝塔粒子，或伽马射线。

放射性 radioactivity 原子性质的一种，可发生放射性衰变

红矮星 red dwarf 质量比太阳还小的恒星晚期就像快要熄灭的灰烬一样发光。太阳附近大约 70%的恒星是红矮星，这说明太阳并不像通常说的那样是个典型恒星。实际上，它比普通恒星质量要大得多，因此也亮得多。

红移 red shift 由于宇宙膨胀引起的光能量损失。这个效应可以通过在一个气球上画一条起伏的光波，通过吹大气球来演示。光波会被拉伸。既然红光比蓝光的波长更长，天文学家称之为宇宙学红移。（红移也可以由发光物体离我们远去而导致的多普勒效应产生，它还可以由光从白矮星这样的致密天体的强引力场中向外爬升损失能量引起，即所谓引力红移。）

广义相对论 relativity, general theory of 爱因斯坦把他的狭义相对论推广之后的结果。广义相对论解释了当一个人观察另一人相对于他加速运动时所看到的情况。因为加速和引力是不可区分的（等效原理），因此广义相对论也是引力理论。

狭义相对论 relativity, special theory of 爱因斯坦的理论，解释了一个人观察另一个人相对于他进行匀速运动时所看到的情况。这个理论揭示出，运动的人看上去在他们的运动方向发生收缩，而他们的时间变慢，这些效应在他们接近光速时更加显著。

太阳系 solar system 太阳和行星、卫星、彗星，以及其他碎片成分组成的家族。

时空 space-time 在广义相对论中，空间和时间被认为本质上是同一样东西。因此它们能够作为一个整体来对待，即时空。时空的弯曲就是引力。

谱线 spectral line 原子和分子吸收或辐射的特征波长的光。如果它们吸收的光比发射出来的要多，就形成了天体光谱中的暗线。相反，如果发射的比吸收的多，结果就是亮线。

光谱 spectrum 光的各种组分被分开变成的彩虹样的连续色。

标准烛光 standard candle 这类天体据认为具有标准的本征光度。如果天文学家发现某个天体比另一个更暗淡，他们就可以推断前者离得更远。造父变星和 Ia 型超新星都可以作为标准烛光。

恒星 star 恒星是巨大的气体球，它在核心以产生核能的方式补充辐射到太空里的热量。

稳恒态理论 steady-state theory 这个理论认为尽管宇宙正在

膨胀，其中的星系在彼此远离，但新物质又从真空中喷出，凝聚成星系，填补了空隙，所以整个宇宙在任何时代看起来都是一样的。宇宙没有开始也没有结束。大爆炸辐射的发现终结了这个理论，至少是终结了其简单的版本。

弦论 string theory 见超弦理论 superstring theory.

强核力 strong nuclear force 在原子核内把质子和中子束缚在一起的高强度短程力。

亚原子粒子 subatomic particle 比原子小的粒子，如电子和中子。

太阳 sun 离我们最近的恒星。

超团 supercluster 见超星系团 galaxy supercluster.

超力 superforce 一种假想的力，它在宇宙大爆炸之后的冷却过程中“凝结”形成四种基础作用力。

超新星 supernova 恒星的灾难性爆炸。一颗超新星在短时间可能比整个星系里的1000亿颗普通恒星还要亮。据认为超新星爆炸会产生高度致密的中子星或黑洞。

Ia型超新星 supernova，type Ia 白矮星的爆炸是由于从伴星上不断吸积而累积的物质而引发的。所有这样的超新星从本质上说都是同一种类型的恒星，据认为它们具有同样的本征亮度。由于我们可以确定Ia型超新星距离越远就更暗淡，这就使它们成为一种有用的宇宙学距离标志物。

超弦理论 superstring theory 这种理论假定宇宙中的基本成分是极其微小的物质弦。这些弦在十维时空里振动。这个理论的大目标是要统一量子理论和广义相对论。

温度 temperature 物体的冷热程度。与组成物体的粒子热运动能量有关。

热辐射 thermal radiation 见黑体辐射 black body radiation.

热力学第二定律 thermodynamics, second law of 这个定律是说，熵永不减少。也就是说，热永远不会自动从冷的物体流向热的物体。

紫外线 ultraviolet 一种不可见的光线，由非常高温的物体产生。太阳晒伤就是由它引起的。

不确定性原理 uncertainty principle 见海森伯不确定性原理 Heisenberg uncertainty principle.

大统一理论 unification 这个思想认为在极端高能情况下，自然存在的四种基本作用力会成为一种，统一在单一的理论框架之中。

宇宙 universe 所有存在的一切。这个词的含义很灵活，我们曾经用它称呼太阳系。后来它指代我们所谓的银河系。如今它指的是可观测宇宙之内所有星系的总和，总数约为 1000 亿。

宇宙年龄 universe, age 由威尔金森微波各向异性探测器获得的对宇宙年龄最好的估计是 137 亿年。

弹力宇宙 universe, bouncing 见振荡宇宙 universe, oscillating.

碰撞宇宙 universe, colliding 这是暴胀宇宙模型的一种可能性，在产生我们的宇宙的暴胀相真空里还存在另外一次大爆炸产生的另一个宇宙，它已经与我们的宇宙发生碰撞。这样的碰撞会在宇宙背景辐射上留下印记。是否存在这样的印记还存在争议。

膨胀宇宙 universe, expanding 大爆炸之后星系之间在彼此远离。

可观测宇宙 universe，observable 我们最远只能看到宇宙的视界（相当于平时看到的地平线）。宇宙具有视界是因为它仅仅是在 137 亿年前才诞生。这意味着我们只能看到 137 年之内发光并到达我们的恒星和星系。更远的天体都处在可观测宇宙的视界之外。